图文精解建筑工程施工职业技能系列

# 砌　筑　工

高　原　主编

中国计划出版社

**图书在版编目（ＣＩＰ）数据**

砌筑工 / 高原主编. -- 北京 ：中国计划出版社，2017.1
图文精解建筑工程施工职业技能系列
ISBN 978-7-5182-0513-4

Ⅰ．①砌… Ⅱ．①高… Ⅲ．①砌筑－职业培训－教材
Ⅳ．①TU754.1

中国版本图书馆CIP数据核字(2016)第246457号

图文精解建筑工程施工职业技能系列
砌筑工
高　原　主编

中国计划出版社出版发行
网址：www.jhpress.com
地址：北京市西城区木樨地北里甲 11 号国宏大厦 C 座 3 层
邮政编码：100038　电话：(010) 63906433（发行部）
北京市科星印刷有限责任公司印刷

787mm×1092mm　1/16　13.25 印张　318 千字
2017 年 1 月第 1 版　2017 年 1 月第 1 次印刷
印数 1—3000 册

ISBN 978-7-5182-0513-4
定价：38.00 元

# 《砌筑工》编委会

# 前　言

砌筑工是使用手工工具或机械，利用砂浆或其他黏合材料，按建筑物、构筑物设计技术规范要求，将砖、石、砌块砌铺成各种形状的砌体和屋面铺、挂瓦的建筑工程施工人员。近几年来，随着社会经济的快速发展，建筑工程规模日益扩大，尤其是土木建筑工程发展更为迅速，砌筑工程作为土建工程的核心，贯穿整个土建施工过程，工程量巨大。做好砌筑工程的施工工作可保证土建工程建设的顺利开展，同时也能够提高土建工程的整体质量。因此我们组织编写了这本书，旨在提高砌筑工专业技术水平，确保工程质量和安全生产。

本书根据国家新颁布的《建筑工程施工职业技能标准》JGJ/T 314—2016以及《砌体结构工程施工质量验收规范》GB 50203—2011、《房屋建筑制图统一标准》GB/T 50001—2010、《建筑结构制图标准》GB/T 50105—2010、《轻集料混凝土小型空心砌块》GB/T 15229—2011、《砌筑砂浆配合比设计规程》JGJ/T 98—2010 等标准编写，主要介绍了砌筑工的基础知识、建筑识图基本知识、常用的砌筑材料、常用的砌筑工具、常用的砌筑方法、砖的砌筑、小型砌块的砌筑、石砌体的砌筑、坡屋面挂瓦、给水排水工程和砖地面铺设、砌体工程季节施工等内容。本书采用图解的方式讲解了砌筑工应掌握的操作技能，内容丰富，图文并茂，针对性、系统性强，并具有实际的可操作性，实用性强，便于读者理解和应用。既可供砌筑工、建筑施工现场人员参考使用，也可作为建筑工程职业技能岗位培训相关教材使用。

由于学识和经验所限，虽然经编者尽心尽力，但是书中仍难免存在疏漏或未尽之处，敬请有关专家和读者予以批评指正（E-mail：zt1966@126.com）。

编　者
2016 年 10 月

# 目　　录

# 1　砌筑工的基础知识

## 1.1　职业技能等级要求

### 1.1.1　五级砌筑工

**1.　理论知识**

1）熟悉本工种的操作规程以及气候对施工影响的基础知识。

2）熟悉常用工具、量具名称，了解其功能和用途。

3）熟悉各种砌体的砌筑方法和质量要求，熟悉挂瓦的基本方法及要求。

4）了解一般建筑工程施工图的识读知识。

5）了解一般建筑结构。

6）了解常用砌筑材料、胶结材料（包括细骨料）和屋面材料的种类、规格、质量、性能、使用知识及砌筑砂浆的配合比。

**2.　操作技能**

1）熟练使用常用砌筑工具、辅助工具。

2）熟练使用劳防用品进行简单的劳动防护。

3）会组砌常见砌体，砌、摆一般砖基础，立皮数杆复核标高。

4）会砌清水墙、砌块墙、混水平旋、钢筋砖过梁及安放小型构件并勾抹墙缝。

5）会铺砌地面砖、街面砖，窨井、下水道等，挂、铺坡屋面瓦。

### 1.1.2　四级砌筑工

**1.　理论知识**

1）掌握挂瓦的基本方法及常见屋面施工的基本要求。

2）熟悉本工种的操作规程、施工验收规范以及冬期、雨期、夏期施工的有关知识。

3）熟悉砌筑、铺设工具、设备的性能、使用及维护。

4）熟悉烟囱、通风孔、管沟、梁洞、通道等的留孔、留槽及安放小型构件的方法。

5）熟悉砌筑检查井、窨井、化粪池，铺设下水道、干管及下水道闭水试验的方法。

6）了解制图基本知识及基本建筑结构构造，并掌握砖石结构知识。

7）了解常用砌筑砂浆的技术性能、使用部位、掺添加剂的一般规定和调制知识。

8）了解施工测量和放线的方法，掌握砌筑材料、胶结材料和屋面材料的技术指标和材料主要配合比。

**2.　操作技能**

1）能够按图砌筑各种砖体、石基础，掌握组砌常见砌体的放脚、摆底。

2）能够在作业中实施安全操作。

3）能够进行清水墙的各种勾缝、嵌缝、弹线、开补。

4）能够砌筑一般家用炉灶、附墙烟囱，各种道砖、地面砖、石材和乱石路面等材料的铺砌，挂铺筒瓦、中瓦、平瓦屋面及斜沟、正脊、垂脊饰。

5）会按图计算工料，并会使用简单的检测工具。

6）会按标志砍、磨各种砖块，砌清水墙、清水方柱、拱旋、腰线、多角形墙柱、混水圆柱、普通花窗、栏杆等砌体。并会砌毛石墙角和各种预制砌块及拉结立门、窗框。

## 1.1.3 三级砌筑工

**1. 理论知识**

1）掌握常用砌筑材料的物理化学性能及使用方法、质量要求。

2）掌握砌筑工程施工质量验收方法、验收标准和验收程序。

3）掌握砖混结构知识及一般钢筋混凝土结构知识。

4）掌握预防和处理质量和安全事故方法及措施。

5）熟悉建筑力学的一般知识和房屋建筑结构的分类、形式。

6）熟悉较复杂的建筑结构施工图及古建筑施工图。

7）熟悉防止砌筑质量通病的方法和技术措施。

8）熟悉古建筑砌筑工艺和砌筑方法。

9）了解与本工种有关的新材料、新技术、新工艺及发展情况。

**2. 操作技能**

1）熟练进行复杂砌体的摆底。

2）能够坡屋面、屋脊、垂脊、戗脊等一般脊饰的施工及刚、柔性平屋面施工。

3）能够维修古建筑与近代建筑砖砌。

4）会进行一般花纹图案、阴阳字体等的砖雕。

5）会进行各种特殊要求路面的铺设。

6）会根据施工的需要制作简单辅助工具。

7）会按安全生产规程指导作业。

## 1.1.4 二级砌筑工

**1. 理论知识**

1）掌握砌体抗压性能及影响砌体抗压强度的因素。

2）掌握复杂的建筑、结构施工图以及古建筑施工图的识图方法。

3）熟悉有关安全法规及一般安全事故的处置程序。

4）熟悉新型建筑材料和设备的运用。

5）熟悉抗震要求及构造要求的知识。

**2. 操作技能**

1）熟练进行按图设计各种特殊要求路面的施工工艺。

2）熟练进行各种花纹图案、阴阳字体等的砖雕。

3）能够进行砌筑较复杂的磨砖（砖细）对缝。

4）会加工平、圆、弧形等磻口砖。

5）会解决操作技术上的疑难问题。

6）会根据生产环境，提出安全生产建议，并处置一般安全事故。

### 1.1.5 一级砌筑工

**1. 理论知识**

1）掌握有关新型建筑材料、砌筑材料和设备的专业知识。

2）掌握有关安全法规及突发安全事故的处理程序。

3）熟悉施工预、结算知识，能组织砌筑分项工程的质量评定和竣工验收。

4）熟悉砖墙、柱、梁等一般受力构件的计算，熟悉砌体的抗弯、抗剪切、抗压性能及影响砌体抗压强度的因素。

**2. 操作技能**

1）能够对各类屋面、屋脊、垂脊等坡屋面和复杂脊饰的施工进行管理和技术指导。

2）会根据需要选用新工艺、新技术、新材料。

3）会根据需要设计制作复杂工艺的辅助工具、量具、靠模等。

4）会编制突发安全事故处置的预案，并熟练进行现场处置。

## 1.2 施工测量和放线

### 1.2.1 仪器、工具及其使用

**1. 水准仪**

（1）构造。水准测量的仪器为水准仪，它能够提供水平视线。水准测量的工具为水准尺和尺垫。

水准仪按精度可分为两大类，一类是精密水准仪，另一类是普通水准仪。精密水准仪适用于国家一、二等水准测量，如 $DS_{0.5}$ 型与 $DS_1$ 型水准仪。普通水准仪适用于国家三、四等水准测量以及一般工程测量，如 $DS_3$ 型。

水准仪型号的"D"和"S"分别为"大地测量"和"水准仪"汉语拼音的第一个字母，数字表示每千米往、返测高差中数的中误差，以毫米计。

水准仪按其构造主要分为微倾水准仪、自动安平水准仪、激光水准仪和数字水准仪，如图 1-1 所示。

下面介绍工程上广泛使用的 $DS_3$ 型微倾式水准仪。

$DS_3$ 型微倾式水准仪由望远镜、水准器及基座三大部分组成，如图 1-2 所示。

1）望远镜。望远镜由物镜、目镜、对光透镜和十字丝分划板四部分组成。它的作用是瞄准水准尺并提供水平视线进行读数。

物镜和目镜多采用复合透镜组，十字丝分划板上刻有两条互相垂直的长丝。竖直的一条称为竖丝，横的一条称为中丝，用于瞄准目标和读数。中丝的上下还有两根对称的短横丝，可用来测定仪器至目标间的距离，称为视距丝。

十字丝中央交点与物镜光心的连线，称为视准轴。水准测量时，要求视准轴水平（即视线水平），用中丝在水准尺上读取前、后视读数。

（a）微倾水准仪

（b）自动安平水准仪

（c）激光水准仪

（d）数字水准仪

图 1-1　水准仪

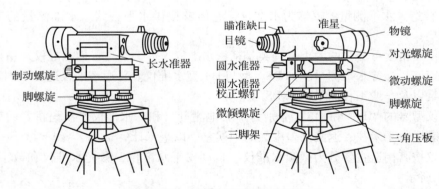

图 1-2　DS₃型微倾式水准仪

2）水准器。水准器是仪器整平的装置，有圆水准器（水准盒）和长水准器（水准管）两种。

①圆水准器（图 1-3）。当气泡居中时，表示该轴线处于竖直位置。圆水准器只用于仪器的粗略整平。

②长水准器（图 1-4）。当气泡居中时，水准管轴处于水平位置。

3）基座。基座主要由轴座、脚螺旋、底板和三角压板等组成。它的作用是支撑仪器的上部并与三脚架连接。

图1-3 圆水准器
1—球面玻璃；2—中心圆圈；
3—气泡

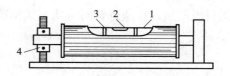

图1-4 长水准器
1—玻璃管；2—气泡；3—分划线；
4—调整螺钉

（2）操作使用。

1）安置仪器。

①打开三脚架，松开脚架螺旋，使三脚架高度适中（根据身高），旋紧脚架伸缩腿螺旋，将脚架放在测站位置上（距前、后立尺点大概等距离位置）。

②三个架腿之间角度最好在25°~30°之间，目估使架头水平，将三个架腿踩实，如遇水泥地面，可放在水泥地面的缝隙中使其固定。

③打开仪器箱，取出水准仪，置于三脚架头上，并用中心连接螺旋把水准仪与三脚架头固连在一起，关好仪器箱。

2）粗平。粗平是调整脚螺旋使圆水准器气泡居中，以便达到仪器竖轴大致铅直，使仪器粗略水平。具体操作如下：

①如图1-5（a）所示，气泡未居中而位于 a 处。首先按图上箭头所指方向，两手相对转动脚螺旋①、②，使气泡移到通过水准器零点作①、②脚螺旋连线的垂线上，如图中垂直的虚线位置。

②用左手转动脚螺旋③，使气泡居中，如图1-5（b）所示。

③反复交替调整脚螺旋①、②和脚螺旋③，确认气泡是否居中。

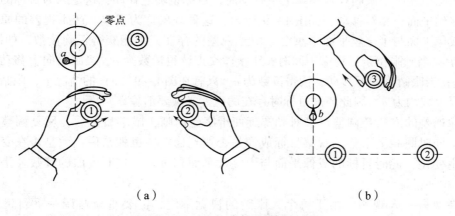

（a）　　　　　　　　　　（b）

图1-5 圆水准气泡整平过程

掌握规律：左手大拇指移动方向与气泡移动方向一致。

对于图1-6气泡偏歪情况，第一步也可先旋转脚螺旋①，使气泡 a 移到 b 处，如图1-6所示，即位于通过刻划圈中心与脚螺旋②、③连线的平行线的位置（图中虚线位置）。第二步再用两手转脚螺旋②、③，使气泡居中，反复操作使气泡完全居中。

3）瞄准。

①目镜调焦。把望远镜对准明亮天空或白墙，转动目镜对光螺旋，使十字丝清晰。

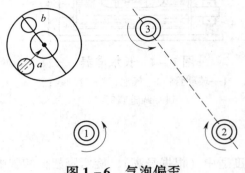

②粗略瞄准。松开望远镜制动螺旋，转动望远镜，通过望远镜上的照门、准星瞄准目标（三点成一线）后，旋紧制动螺旋。

③准确瞄准。调整物镜对光螺旋，看清目标。调整水平方向微动螺旋，使十字丝纵丝平分地面点位上所立水准尺的尺面，如图1-7所示，或使纵丝与尺的某个边重合，如图1-8所示，达到准确瞄准目标。如果目标不清晰，应转动物镜对光螺旋，使目标清晰。

图1-6　气泡偏歪

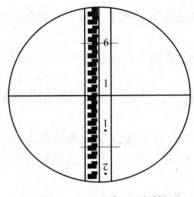

图1-7　正字尺读数

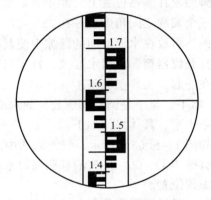

图1-8　倒字尺读数

④消除视差。当眼睛在目镜端上下移动时，目标也随之移动，这是因为目标的成像平面与十字丝平面有相对移动，如图1-9所示，这种现象称为视差。产生视差的原因是因为目标成像平面与十字丝平面不重合。由于视差的存在，不能获得正确读数，如图1-9（b）所示，当人眼位于目镜端中间时，十字丝交点读得读数为$a$；当眼略向上移动，读得读数为$b$；当眼睛略向下移动，读得读数为$c$。只有在图1-9（c）的情况下，眼睛上下移动，读得读数均为$a$。因此瞄准目标时存在的视差必须要消除。

消除视差的方法：调整目镜对光螺旋使十字丝清晰，瞄准目标后，反复调整物镜对光螺旋，同时眼睛上下移动观察目标成像是否达到稳定，也就是说读数是否在变化，如果不发生变化，此时目标的成像平面与十字丝平面相重合，这时读取的读数才是正确的读数。

如果换另一人观测，由于每个人眼睛的视觉不同，需要重新略调一下目镜对光螺旋，使十字丝清晰，一般情况是目镜对光螺旋调好后，在消除视差时不需要反复调整。

4）精密整平。眼睛通过目镜左上方的符合气泡观察窗看水准管气泡，若气泡不居中，如图1-10（b）、（c）所示，则用右手转动微倾螺旋，使气泡两端的影像吻合，如图1-10（a）所示，即表示水准仪的视准轴已精密整平。

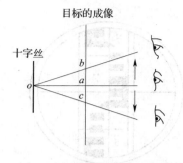

（a）目标成像与十字丝面不重合

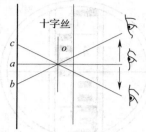

（b）目标成像与十字丝面不重合

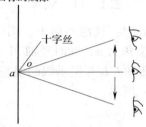

（c）目标成像与十字丝面重合

**图 1 - 9 视差形成示意图**

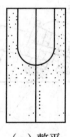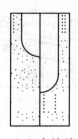

（a）整平 　　　　（b）未整平 　　　　（c）未整平

**图 1 - 10 整平**

5）读数。水准仪望远镜成像有正像和倒像之分，目前根据国家有关技术标准规定，生产和销售的水准仪应成正像。因此，通过正像望远镜读数时应与直接从水准尺上读数方法相同，即自上而下进行。如图 1 - 11 所示，图 1 - 11（a）读数为 1.708m，图 1 - 11（b）读数为 2.625m。

（3）检验与校正。

1）圆水准器轴的检验与校正。检验圆水准器轴是否平行于仪器的竖轴。如果是平行的，当圆水准器气泡居中时，仪器的竖轴就处于铅垂位置了。

①检验方法：首先用脚螺旋使圆水准器气泡居中，此时圆水准器轴（$L'L'$）处于竖直的位置。将仪器绕仪器竖轴旋转 180°，圆水准气泡如果仍然居中，说明 $VV$ 平行于 $L'L'$ 的

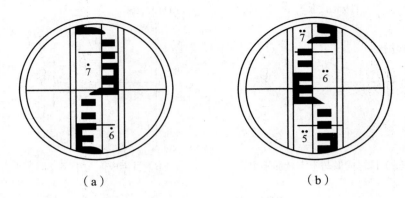

（a） （b）

**图 1－11 读尺**

条件满足。若将仪器绕竖轴旋转 180°，气泡不居中，则说明仪器竖轴 $VV$ 与 $L'L'$ 不平行。在图 1－12（a）中，如果两轴线交角为 $\alpha$，此时竖轴 $VV$ 与铅垂线偏差也为 $\alpha$ 角。当仪器绕竖轴旋转 180°后，此时圆水准器轴 $L'L'$ 与铅垂线的偏差变为 $2\alpha$，即气泡偏离格值为 $2\alpha$，实际误差仅为 $\alpha$，如图 1－12（b）所示。

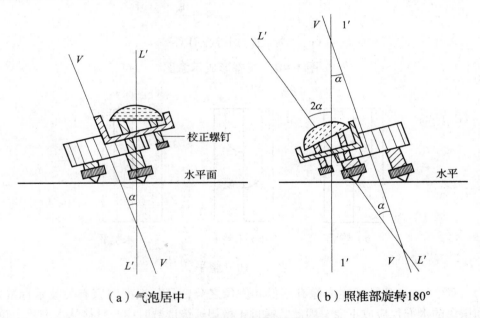

（a）气泡居中 （b）照准部旋转 180°

**图 1－12 圆水准器轴的检验**

②校正方法：首先稍松位于圆水准器下面中间的固紧螺钉，然后调整其周围的 3 个校正螺钉，使气泡向居中位置移动偏离量的一半，如图 1－13（a）所示。此时圆水准器轴 $L'L'$ 平行于仪器竖轴 $VV$。然后再用脚螺旋整平，使圆水准器气泡居中，竖轴 $VV$ 与圆水准器轴 $L'L'$ 同时处于竖直位置，如图 1－13（b）所示。

校正工作一般需反复进行，直至仪器转到任何位置气泡均为居中为止，最后应旋紧固定螺钉。

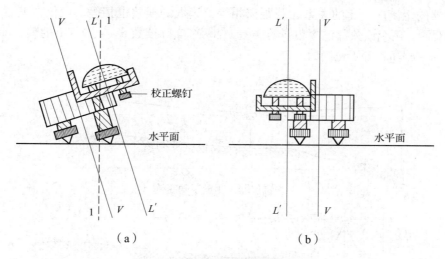

（a）　　　　　　　　　　　　　　　　　（b）

**图 1-13　圆水准器轴的校正**

2）十字丝的检验与校正。

①当仪器竖轴处于铅垂位置时，十字丝横线应垂直于仪器的竖轴，此时横线是水平的，这样在横丝的任何部位读数都是一致的。否则如果横丝不水平，在不同的部位将会得到不同的读数。

②检验方法：首先将仪器安置好，用十字丝横丝对准一个清晰的点状目标 $P$，如图 1-14（a）所示。然后固定制动螺旋，转动水平微动螺旋。如果目标点 $P$ 沿横丝移动，如图 1-14（b）所示，则说明横丝垂直于仪器竖轴 $VV$，不需要校正。如果目标点 $P$ 偏离横丝，如图 1-14（c）、（d）所示，则需校正。

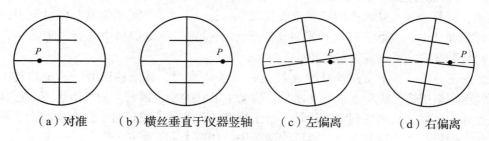

（a）对准　　　（b）横丝垂直于仪器竖轴　　　（c）左偏离　　　（d）右偏离

**图 1-14　十字丝的检验**

③校正方法：校正方法按十字丝分划板装置形式不同而异。有的仪器可直接用螺丝刀松开分划板座相邻的两颗固定螺钉，转动分划板座，改正偏离量的一半，即满足条件。有的仪器必须卸下目镜处的外罩，再用螺钉旋具松开分划板座的固定螺丝，拨正分划板座即可。

3）长水准管轴平行于视准轴的检验和校正。如果长水准管轴平行于视准轴，则当水准管气泡居中时，视准轴是水平的，假如水准管轴和视准轴不平行，当水准管轴在水平方向时，视准轴却在倾斜方向，测量时读数就会出现误差。尺子离仪器的距离越远，读数误差就越大，所以把仪器安置在两点中间测得的高差和仪器靠近一点测得的高差就不会相同。

①检验方法：如图 1-15 所示，校验时必须先知道两点的正确误差，根据读数误差和

尺子离仪器的距离成正比的关系，若距离相等，读数的误差也相等。设仪器安置在 $A$、$B$ 等距离处观测，两个读数都包含相同的误差 $x$，两个实际读数 $a+x$、$b+x$ 的差，即 $a+x-(b+x)=a-b=h$，等于正确的高差。

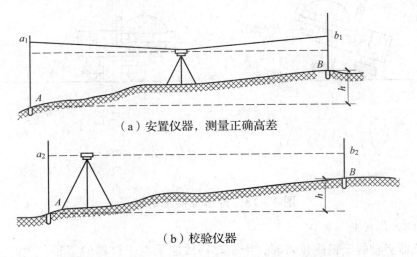

（a）安置仪器，测量正确高差

（b）校验仪器

**图 1-15 长水准管轴与视准轴相平行的检验**

检验的步骤为：选择相距约 80m 的两点 $A$ 和 $B$，$A$、$B$ 两点应选在坚实地面上且高差不大处，然后按下列步骤检验：

a. 将仪器安置在 $A$、$B$ 两点的中点，如图 1-15（a），测出两点的正确高差，$h=a_1-b_1$；

b. 将仪器移近 $A$ 尺（或 $B$ 尺）处，如图 1-15（b），使目镜距尺 1~2m，观测近尺读数 $a_2$，计算当视准轴水平时远尺正确读数 $b_2=a_2-h$，调节微倾螺钉，使目镜中的十字横丝对准 $B$ 尺上 $b_2$ 读数，这时视准轴就处于水平位置，此时如果水准管气泡居中，则说明两轴是平行的，否则应进行校正。

②校正方法：当十字横丝对准 $B$ 尺上正确读数 $b_2$ 时，视准轴已处于水平位置，但水准管气泡偏离中央，说明水准管不水平，拨动水准管的校正螺钉，使气泡居中，这样水准管轴也处于水平，从而达到水准管轴平行于视准轴的条件。校正时，注意拨动上下两个校正螺丝，先松一个，后紧一个，直到水泡居中，如图 1-16 所示。

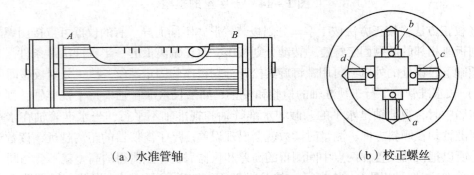

（a）水准管轴

（b）校正螺丝

**图 1-16 水准管轴与视准轴平行的校正**

以上三项水准仪的检验与校正，次序不能颠倒，每项内容都要认真并且反复几次，才能达到满意效果。

**2. 经纬仪**

经纬仪主要由照准部、水平度盘和基座三部分组成。

经纬仪是一种能进行水平角和竖直角测量的仪器，它还可以借助水准尺，利用视距测量原理，测出两点间的大致水平距离和高差，也可以进行点位的竖向传递测量。

经纬仪分光学经纬仪和电子经纬仪，如图 1-17 所示。主要区别在于角度值读取方式的不同，光学经纬仪采用读数光路来读取刻度盘上的角度值，电子经纬仪采用光敏元件来读取数字编码度盘上的角度值，并显示到屏幕上。随着技术的进步，目前普遍使用电子经纬仪。

（a）光学经纬仪　　　　　（b）电子经纬仪

**图 1-17　经纬仪**

在工程中常用的经纬仪有 DJ$_2$ 和 DJ$_6$ 两种，"D"是大地测量仪器的代号，"J"是经纬仪的代号，数字表示仪器的精度。其中，DJ$_6$ 型进行普通等级测量，而 DJ$_2$ 型则可进行高等级测量工作。

**3. 水准尺和尺垫**

水准尺和尺垫是水准测量时用的工具。

（1）水准尺。水准尺是水准测量时使用的标尺，用干燥的优质木材或铝合金制成。普通水准测量常用的水准尺有塔尺和双面水准尺两种，如图 1-18 所示。

塔尺由两节或三节套接在一起，尺的底部为零点，尺上黑白格相间，每格宽 0.01m 或 0.005m，每 0.01m 和 0.1m 处均有注字，注字一面为正向，另一面为倒向。

双面水准尺是两面均有刻划的标尺：一面为红白相间，称为红白尺；另一面为黑白相间，称为黑白尺。两根尺为一对；黑面均由零开始，而红面，一根尺由 4.687m 开始至 7.687m，另一根由 4.787m 开始至 7.787m。双面水准尺多用于三、四等水准测量。

（2）尺垫。尺垫是为防止土质松软时导致在观测过程中地面点下沉而造成高差观测值偏差的工具，用时将尺垫的三个脚牢固地插入土中，水准尺应放在凸起的半球体上，如图 1-19 所示。

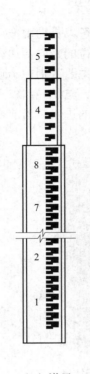

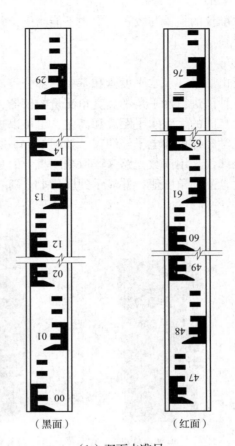

（a）塔尺　　　　　　（b）双面水准尺

**图 1 – 18　水准尺**

**图 1 – 19　尺垫**

**4. 其他测量放线工具**

（1）钢卷尺（见图 1 – 20）。钢卷尺有 1m、2m、3m、5m、20m、30m、50m 等几种规格。用于测量直线墙体位置、尺寸及其构配件尺寸等。

（2）托线板和线锤。托线板和线锤用于检查墙面垂直度。托线板常用规格为 15mm × 120mm × 200mm，板中间有一条标准墨线。线锤与托线板配合使用，用以吊挂墙体、构件的垂直度，如图 1 – 21 和图 1 – 22 所示。

（3）靠尺。靠尺用于检查墙体、构件的平整度。常用规格为 2 ~ 4m 长，一般用铝合金或硬质木材制成，如图 1 – 23 所示。

（4）塞尺。塞尺与靠尺配合使用，用于测定墙、柱平整度的数值偏差。塞尺上每一格表示厚度方向 1mm，如图 1 – 24 所示。

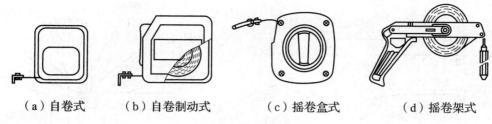

（a）自卷式　　　（b）自卷制动式　　　（c）摇卷盒式　　　（d）摇卷架式

**图1-20　钢卷尺**

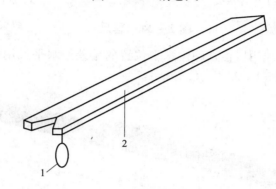

**图1-21　托线板**

1—线锤；2—靠尺板

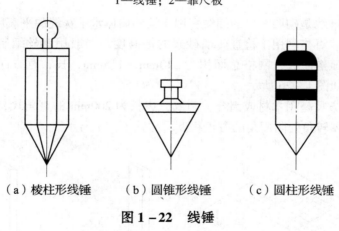

（a）棱柱形线锤　　　（b）圆锥形线锤　　　（c）圆柱形线锤

**图1-22　线锤**

**图1-23　靠尺**

**图 1-24 塞尺**

（a）单片塞尺　　　　　　（b）成组的塞尺

（5）水平尺。水平尺用以检查砌体水平位置的偏差。水平尺用铁或铝合金制作，中间镶嵌玻璃水准管，如图 1-25 所示。

**图 1-25 水平尺**

（6）准线。准线是砌墙时拉的细线，用于检测墙体水平灰缝的平直度。

（7）百格网。百格网用于检查砖墙砂浆的饱满度。一般用钢丝编制锡焊而成，也可以在有机玻璃上画格而成，网格总面积为 240mm×115mm，长、宽方向各切分为 10 格，共 100 个格子，如图 1-26 所示。

（8）方尺。方尺是用木材或铝合金制成，边长为 200mm 的直角尺，有阴角和阳角两种。用于检查砌体转角处阴阳角的方正程度，如图 1-27 所示。

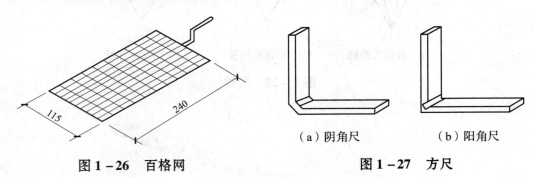

**图 1-26 百格网**　　　　　　**图 1-27 方尺**

（a）阴角尺　　　　（b）阳角尺

（9）皮数杆。皮数杆是砌筑砌体在高度方向的基准。皮数杆分为基础用和地上用两种。

基础用皮数杆比较简单，一般使用 30mm×30mm 的小木杆，由现场施工员绘制。一般在进行条形基础施工时，先在要立皮数杆的地方预埋一根小木桩，到砌筑基础墙时，将画好的皮数杆钉到小木桩上。皮数杆顶应高出防潮层的位置，杆上要画出砖皮数、地圈梁、防潮层等的位置，并标出高度和厚度。皮数杆上的砖层还要按顺序编号。画到防潮层底的标高处，砖层必须是整皮数。如果条形基础垫层表面不平，可以在一开始砌砖时就用细石混凝土找平。

±0.000 以上的皮数杆也称为大皮数杆。一般由施工人员经计算排画，经质量人员检验合格后方可使用。皮数杆的设置要根据房屋大小和平面复杂程度而定，一般要求转角处和施工段分界处设立皮数杆。当为一道通长的墙身时，皮数杆的间距要求不大于 20m。如果房屋构造比较复杂，皮数杆应该编号，并对号入座。皮数杆四个面的画法见图 1-28 所示。

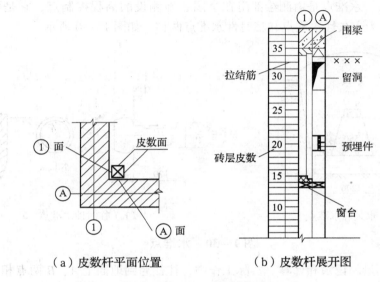

（a）皮数杆平面位置　　　　（b）皮数杆展开图

**图 1-28　皮数杆**

（10）龙门板。龙门板是在房屋定位放线后，砌筑时定轴线、中心线的标准（见图 1-29）。施工定位时一般要求板面的高程即为建筑物的相对标高 ±0.000。在板上划出轴线位置，以画"中"字示意，板顶面还要钉一根 20~25mm 长的钉子。当在两小相对的龙门板之间拉上准线，则该线就表示为建筑物的轴线。有的在"中"字的两侧还分别划出

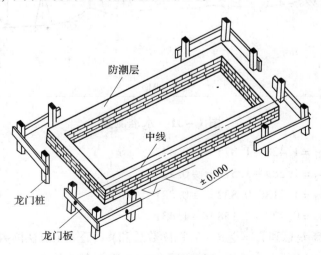

**图 1-29　龙门板**

墙身宽度位置线和大放脚排底宽度位置线,以便于操作人员检查核对。施工中严禁碰撞和踩踏龙门板,也不允许坐人。建筑物基础施工完毕后,把轴线标高等标志引测到基础墙上后,方可拆除龙门板、桩。

### 1.2.2 一般工程抄平放线

**1. 普通水准测量**

(1)水准点。水准点是由测绘部门在全国各地测设的高程控制点,它是引测高程的依据。水准点分为永久性水准点和临时性水准点两种,如图1-30所示。

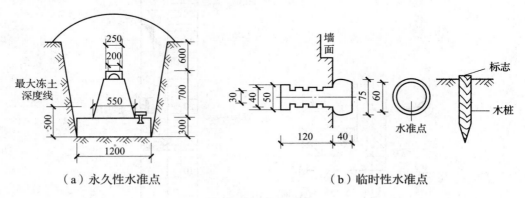

(a)永久性水准点　　　　　　　(b)临时性水准点

**图1-30　水准点**

(2)水准测量的记录和计算。实际工作中,往往遇到地面上 $A$、$B$ 两点相距较远或者高差较大,如图1-31所示,安置一次仪器不能测出两点的高差时,需分成若干段,连续测出各分段的高差,再将各段高差累计,得出 $A$、$B$ 两点之间的高差。

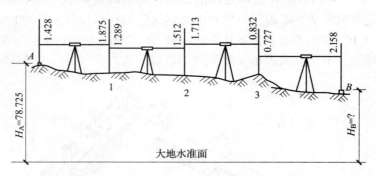

**图1-31　水准测量**

例: $h_1 = a_1 - b_1 = 1.428 - 1.875 = -0.447$

$h_2 = a_2 - b_2 = 1.289 - 1.512 = -0.223$

$h_3 = a_3 - b_3 = 1.713 - 0.832 = +0.881$

$h_4 = a_4 - b_4 = 0.727 - 2.158 = -1.431$

$\sum h$ (高差总和) $= \sum a$ (后视读数总和) $- \sum b$ (前视读数总和)

$= H_B$ (终点高程) $- H_A$ (始点高程)

由上述可知，在观测过程中的1、2等点起传递高程的作用，这些点称为转点。转点既有前视读数，又有后视读数。将这些读数分别填入表1-1和表1-2中。

**表1-1　水准测量手簿（高差法）（一）**

| 测点 | 后视读数 | 前视读数 | 高差 | | 高程 | 备注 |
|---|---|---|---|---|---|---|
| | | | + | - | | |
| A | 1.428 | | | | 78.725 | 已知点高程 |
| 1 | 1.289 | 1.875 | | 0.447 | 78.278 | |
| 2 | 1.713 | 1.512 | | 0.223 | 78.055 | |
| 3 | 0.727 | 0.832 | 0.881 | | 78.936 | |
| B | | 2.158 | | 1.431 | 77.505 | 欲求点高程 |
| 计算 | $\sum a = 5.157$ | $\sum b = 6.377$ | +0.881 | -2.101 | $H_B - H_A = -1.22$ | |
| 校核 | $\sum a - \sum b = -1.22$ | | $\sum h = -1.22$ | | | |

注：表中$\sum a - \sum b = \sum h = H_B - H_A$表示计算无误。

**表1-2　水准测量手簿（高差法）（二）**

| 测点 | 后视读数 | 视线高 | 前视读数 | 高程 | 备注 |
|---|---|---|---|---|---|
| A | 1.428 | 80.153 | | 78.725 | 已知点高程 |
| 1 | 1.289 | 80.014 | 1.875 | 78.278 | |
| 2 | 1.713 | 80.438 | 1.512 | 78.055 | |
| 3 | 0.727 | 79.452 | 0.832 | 78.936 | |
| B | | | 2.158 | 77.505 | 欲求点高程 |
| 计算 | $\sum a = 5.157$ | | $\sum b = 6.377$　$H_B - H_A = -1.22$ | | |
| 校核 | $\sum a - \sum b = -1.22$ | | | | |

注：表中$\sum a - \sum b = H_B - H_A$表示计算无误。

**2. 测设轴线控制桩与龙门板**

（1）测设轴线控制桩。如图1-32所示，轴线控制桩又称为引桩或保险桩，一般设置在基槽边线外2~3m，不受施工干扰而又便于引测的地方。当现场条件许可时，也可以在轴线延长线两端的固定建筑物上直接做标记。

为了保证轴线控制桩的精度，最好在轴线测设的同时标定轴线控制桩。若单独进行轴线控制桩的测设，可采用经纬仪定线法或者顺小线法。

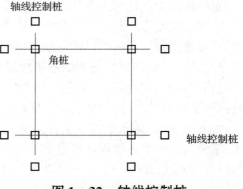

**图1-32　轴线控制桩**

（2）测设龙门板。在建筑的施工测量中，为了便于恢复轴线和抄平（即确定某一标高的平面），可在基槽外一定距离钉设龙门板，如图1-33所示。钉设龙门板的步骤如下：

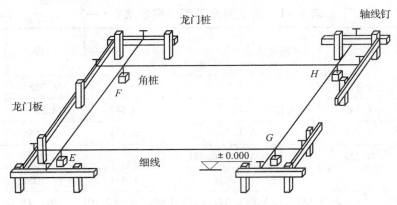

**图1-33 龙门桩与龙门板**

1）钉龙门桩。在基槽开挖线外1.0～1.5m处（应根据土质情况和挖槽深度等确定）钉设龙门桩，龙门桩要钉得竖直、牢固，木桩外侧面与基槽平行。

2）测设±0.000标高线。根据建筑场地水准点，用水准仪在龙门桩上测设出建筑物±0.000标高线，若现场条件不允许，也可测设比±0.000稍高或稍低的某一整分米数的标高线，并标明。龙门桩标高测设的误差一般应不超过±5mm。

3）钉龙门板。沿龙门桩上±0.000标高线钉龙门板，使龙门板上沿与龙门桩上的±0.000标高对齐。钉完后应对龙门板上沿的标高进行检查，常用的检核方法有仪高法、测设已知高程法等。

4）设置轴线钉。采用经纬仪定线法或顺小线法，将轴线投测到龙门板上沿，并用小钉标定，该小钉称为轴线钉。投测点的允许误差为±5mm。

5）检测。用钢尺沿龙门板上沿检查轴线钉间的间距是否符合要求。一般要求轴线间距检测值与设计值的相对精度为$\frac{1}{5000}$～$\frac{1}{2000}$。

6）设置施工标志。以轴线钉为准，将墙边线、基础边线与基槽开挖边线等标定于龙门板上沿。然后根据基槽开挖边线拉线，用石灰在地面上撒出开挖边线。

龙门板的优点是标志明显，使用方便，可以控制±0.000标高，控制轴线以及墙、基础与基槽的宽度等，但其耗费的木材较多，占用场地且有时有碍施工，尤其是采用机械挖槽时常常遭到破坏，所以目前在施工测设中，较多地采用轴线控制桩。

**3. 基槽（或基坑）开挖的抄平放线和基础墙标高控制**

（1）基槽（或基坑）开挖的抄平放线。施工中基槽是根据所设计的基槽边线（灰线）进行开挖的，当挖土快到槽底设计标高时，应在基槽壁上测设离基槽底设计标高为某一整数（如0.500m）的水平桩（又称腰桩），如图1-34所示，用以控制基槽开挖深度。

基槽内水平桩常根据现场已测设好的±0.000标高或龙门板上沿高进行测设。例如，槽底标高为-1.500m（即比±0.000低1.500m），测设比槽底标高高0.500m的水平桩。将后视水准尺置于龙门板上沿（标高为±0.000），得后视读数a=0.685，则水平桩上皮

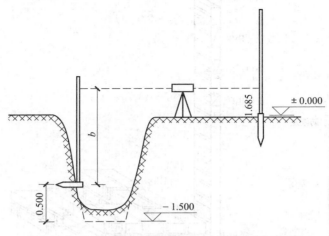

**图 1-34　基槽（或基坑）开挖设置水平桩**

的应有前视读数 $b = \pm 0.000 + a - (-1.500 + 0.500) = 0.685 + 1.000 = 1.685$（m）。立尺于槽壁上下移动，当水准仪视线中丝读数为 1.685m 时，即可沿水准尺尺底在槽壁打入竹片（或小木桩），槽底就在距此水平桩上沿往下 0.5m 处。施工时常在槽壁每隔 3m 左右以及基槽拐弯处测设一水平桩，有时还根据需要，沿水平桩上表面拉上白线绳，或在槽壁上弹出水平墨线，作为清理槽底抄平时的标高依据。水平桩标高容许误差一般为 ±10mm。

　　当基槽挖到设计高度后，应检核槽底宽度。如图 1-35 所示，根据轴线钉，采用顺小线悬挂垂球的方法将轴线引测至槽底，按轴线检查两侧挖方宽度是否符合槽底设计宽度 $a$、$b$。当挖方尺寸小于 $a$ 或 $b$ 时，应予以修整。此时可在槽壁钉木桩，使桩顶对齐槽底应挖边线，然后再按桩顶进行修边清底。

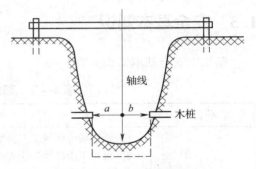

**图 1-35　检核槽底宽度**

　　（2）基础墙标高控制。在垫层上弹出轴线和基础边线后，便可砌筑基础墙（±0.000 以下的墙体）。基础墙的高度是利用基础皮数杆来控制的。基础皮数杆是一根木杆，如图 1-36（a）所示，其上标明了 ±0.000 的高度，并按照设计尺寸，画有每皮砖和灰缝厚度，以及防潮层的位置与需要预留洞口的标高位置等。立皮数杆时，先在立杆处打一木桩，按测设已知高程的方法用水准仪抄平，在桩的侧面抄出高于垫层某一数值（如 0.1m）的水平线。然后将皮数杆上高度与其相同的一条线与木桩上的水平线对齐并用大铁钉把皮数杆与木桩钉在一起，作为砌墙时控制标高的依据。

　　当基础墙砌到 ±0.000 标高下一皮砖时，要测设防潮层标高，见图 1-36（b），允许误差为小于或等于 ±5mm。有的防潮层是在基础墙上抹一层防水砂浆，也作为墙身砌筑前的抹平层。为使防潮层顶面高程与设计标高一致，可以在基础墙上相间 10m 左右及拐角处做防水砂浆灰墩，按测设已知高程的方法用水准仪抄平灰墩表面，使灰墩上表面标高与防潮层设计高程相等，然后再由施工人员根据灰墩的标高进行防潮层的抹灰找平。

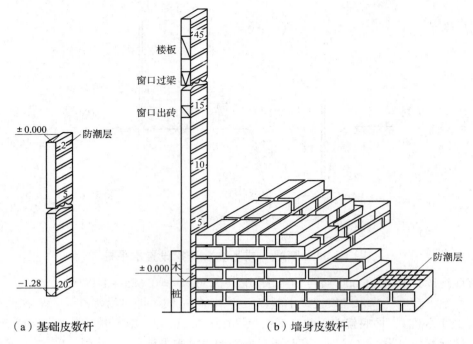

（a）基础皮数杆　　　　　　　　　（b）墙身皮数杆

**图 1 – 36　皮数杆**

# 1.3　安全基本知识

砌筑工安全基本知识见表 1 – 3。

表 1 – 3　砌筑工安全基本知识

| 项目 | 图示及内容 |
|------|-----------|
| 安全教育 | 1. 新进场或转场工人必须经过安全教育培训，经考试合格后才能上岗<br>2. 每年至少接受一次安全生产教育培训，教育培训及考试情况统一归档管理<br>3. 季节性施工、节假日后、待工复工或变换工种也必须接受相关的安全生产教育或培训 |

**续表 1 – 3**

| 项目 | 图示及内容 |
|------|-----------|
| 持证上岗 | 工地电工、焊工、登高架设作业人员、起重指挥信号工、起重机械安装拆卸工、爆破作业人员、塔式起重机司机、施工电梯司机，必须持有政府主管部门颁发的特种作业人员资格证方可上岗 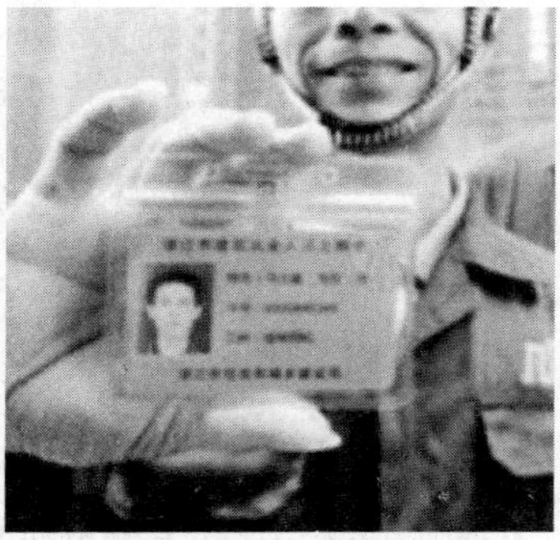 |
| 安全交底 | 施工作业人员必须接受工程技术人员书面的安全技术交底，并履行签字手续，同时参加班前安全活动  |
| 安全通道 | 上班应按指定的安全通道行走，不得在工作区域或建筑物内抄近路穿行或攀登跨越禁止通行的区域  |
| 设备安全 | 1．不得随意拆卸或改变机械设备的防护罩<br>2．施工作业人员无证不得操作特种机械设备 |

续表 1 – 3

| 项目 | 图示及内容 |
|------|-----------|
| 安全设施 | 不得随意拆改各类安全防护设施（如防护栏、防护门、预留洞口盖板等） |
| 用电安全 | 1. 不得私自乱拉乱接电源线，应由专职电工安装操作 <br><br><br><br>2. 不得随意接长手持、移动电动工具的电源线或更换其插头，施工现场禁止使用明插座或线轴盘<br><br>3. 禁止在电线上挂晒衣物 <br><br><br><br>4. 发生意外触电，应立即切断电源后进行急救 |
| 防火安全 | 1. 吸烟应在指定"吸烟点" <br><br><br><br>2. 发生火情及时报告 |

续表 1 - 3

| 项目 | | 图示及内容 |
|---|---|---|
| 个人劳动保护安全设施 | 安全帽 | 安全帽由帽壳、帽衬、下带三部分组成 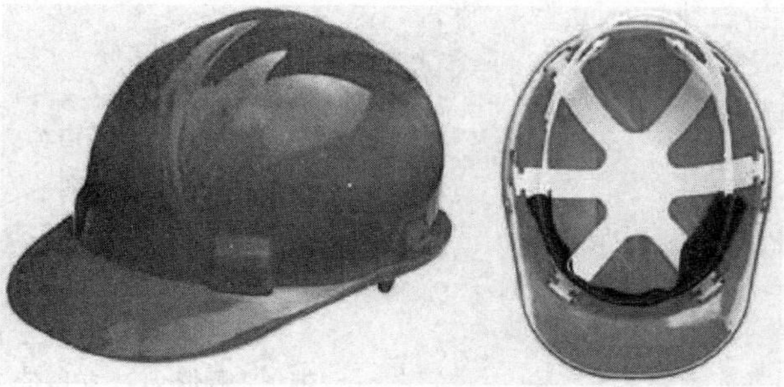<br><br>大量事实证明，正确地戴好安全帽可以有效地降低施工现场的事故发生率，有很多事故都是因为进入施工现场的人不戴安全帽或戴安全帽不正确而引起的<br>正确佩戴安全帽的方法是：<br>1. 帽衬顶端与帽壳内顶面必须保持 25~50mm 的垂直距离。有了这个空间，才能有效地吸收冲击能量，使冲击力分布在头盖骨的整个面积上，减轻对头部的伤害<br>2. 必须系好下颌带，戴紧安全帽<br>3. 安全帽必须戴正<br>4. 安全帽要定期检查<br>5. 女工的发辫要盘在安全帽内 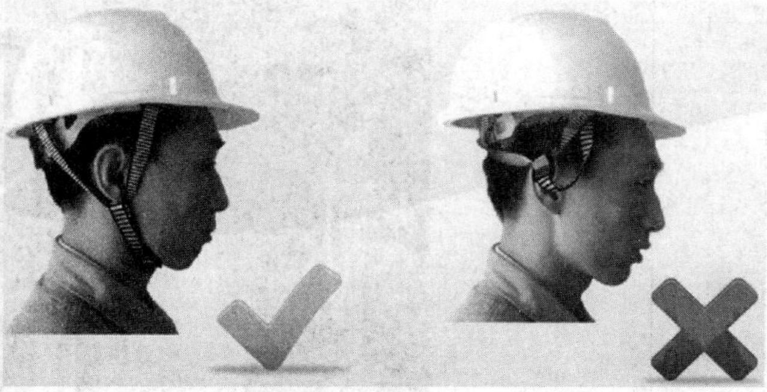 |

续表 1-3

| 项目 | | 图示及内容 |
|---|---|---|
| 个人劳动保护安全设施 | 安全带 | 国家规定，2m 以上的悬空作业必须使用安全带。安全带必须经过静负荷试验和冲击试验合格以后方可使用。安全带的构造如下图所示 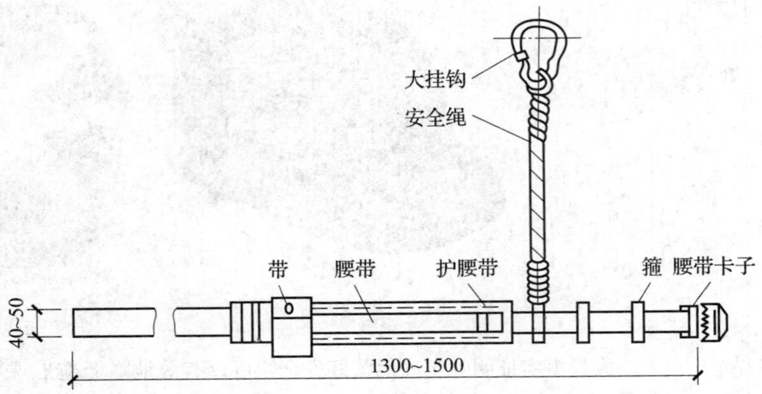<br><br>（图：大挂钩、安全绳、带、腰带、护腰带、箍、腰带卡子，40~50，1300~1500）<br><br>1. 安全带必须有产品检验合格证，否则不得使用。安全带使用 2 年后应抽检 1 次，若冲击试验合格，该批安全带可以继续使用。安全带的使用期限为 3~5 年，平时对使用频繁的绳要经常作外观检查，发现异常情况应提前报废<br>2. 安全带使用时应高挂低用，注意防止摆动和碰撞，若安全带低挂高用，一旦发生坠落，将增加其冲击力，增加坠落的危险。安全绳的长度应控制在 1.2~2m，使用 3m 以上的长绳应加缓冲器。不准将绳打结使用，也不准将挂钩直接挂在安全绳上使用，挂钩应挂在连接环上。安全带上的各种部件不得任意拆掉  |

续表 1 - 3

| 项目 | | 图示及内容 |
|---|---|---|
| 个人劳动保护安全设施 | 其他个人防护用品 | 建筑工地除经常使用的安全帽、安全带等个人防护用品外，还有防眼睛和面部伤害的护目镜和防护面罩，防触电的绝缘手套和绝缘鞋，防尘的呼吸过滤式口罩等<br> |

## 1.4　安全操作基本知识

1）砌体高度超过 1.2m 时，应搭设脚手架；2m 以上（含 2m）作业必须有可靠的立足点及防护措施；搭设的脚手架必须牢固、稳定。脚手架如图 1 - 37 所示。

**图 1 - 37　脚手架**

2）高处作业应站在操作平台上进行，操作平台如图1-38所示。

3）砍砖应面向墙面，工作完毕应将脚手板和砖墙上的碎砖、灰浆清理干净，防止掉落伤人。

4）勾缝抹灰使用的木凳或金属支架应搭设平稳牢固，脚手板跨度不得大于2m；脚手板两端有紧固措施，不得出现探头板；架上堆放材料不得过于集中，如图1-39所示。

图1-38　操作平台

图1-39　架上堆放材料不得过于集中

5）同一块脚手板上操作人员不得超过两人，材料机具必须放妥，防止坠落伤人；在脚手架上不得奔跑、嬉戏或多人拥挤操作；不得倚靠防护栏杆休息或在坑洞处滞留。

6）工作中如需上下层同时进行操作，上下两层间必须设有专用的防护棚或其他隔离设施，否则不得让工人在下方工作。

7）禁止踩踏在阳台栏板和脚手架栏杆上进行操作，如图1-40所示。

8）不准在墙顶行走、操作及划线、刮缝，不准用不稳的物体垫高脚手板操作。

9）作业时不得向下抛掷材料、工具、杂物，如图1-41所示。

10）建筑物预留洞口设置的防护栏杆、盖板及安全标志不得挪动或拆除。

11）用手推车装运物料时，应注意平衡，掌握重心；推车时不得猛跑和撒把溜放，前后车距在平地不得少于2m，下坡不得少于10m；倒料处应有挡车措施。

12）在吊篮没停稳前，严禁人员进入吊篮内推车。井架（电梯）运输时，车轮前后要挡牢，稳起稳落。

13）垂直运输设备未停稳，禁止进行物料装卸；等斗车时，要站在卸料平台防护门内侧，严禁将头、手探出防护门；斗车推出后，要随手关闭防护门。

14）施工机具在使用前必须先试运转，操作人员不得擅离职守，必须随时注意机械的运转状况。

15）水泥砂浆拌料，严禁踩踏在砂浆机的护栅上进行上料操作，以免发生事故。

图 1 - 40　禁止踩踏在脚手架
栏杆上进行操作

图 1 - 41　作业时不得向下抛掷材料、
工具、杂物

16）搅拌机在运行中严禁将铁铲等工具伸入机内。

17）使用振动器必须穿绝缘鞋，使用磨石机、Ⅰ类手持电动工具等设备时应戴绝缘手套，湿手不得接触开关；电源线架设时应有绝缘措施，不得有破皮漏电，禁止缠绕在钢筋上或随意拖放在地上，如图 1 - 42 所示。

18）线路不得擅自搭接，机具的插头不得随意拆除或更换，严禁将电线的线芯直接插入插座，如图 1 - 43 所示。

图 1 - 42　禁止电源线随意
拖放在地上

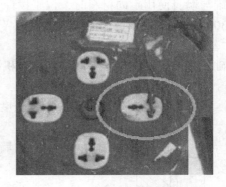

图 1 - 43　严禁将电线的线芯
直接插入插座

19）用起重机吊砖要用砖笼。当采用砖笼往楼板上放砖时，要均匀分布，并预先在楼板底下加设支柱或横木承载。砖笼严禁直接吊放在脚手架上。吊砂浆的料斗不得装得过满，装料量应低于料斗上沿 100mm。

## 1.5  工料计算定额

### 1.5.1  工料计算步骤

要计算出砌体工程施工需要的人工工日数、材料用量、机械台班数，一般应经过下列步骤：

**1. 识图**

仔细识读建筑平面图、建筑立面图以及砌体结构图。

参照建筑、结构图例符号，识别各种砌体的材料、尺寸、位置等。

**2. 计算砌体工程量**

参照《全国统一建筑工程基础定额》中砌筑工程所列的分项子目，计算各子目砌体的工程量。砌体工程量计量单位务必与定额表上所列计量单位相一致。

**3. 查取工料定额**

根据砌体工程的名称、所用材料、构造特点，在《全国统一建筑工程基础定额》上查取该砌体工程的人工、材料、机械定额。

**4. 计算工料**

根据砌体工程量及相应定额，计算出该砌体工程所需要的人工工日数、各种材料用量、各种机械台班数。

### 1.5.2  砌体工程量计算

**1. 基础与墙（柱）的划分**

基础与墙（柱）使用同一种材料时，以设计底层室内地面为界（有地下室者，以地下室室内设计地面为界），以下为基础，以上为墙（柱）。

基础与墙身使用不同材料时，位于设计室内地面 ±300mm 以内时，以不同材料为界，超过 ±300mm 时，以设计底层室内地面为界（见图 1-44）。

**2. 基础工程量计算**

基础工程量按不同材料，以基础的体积计算。

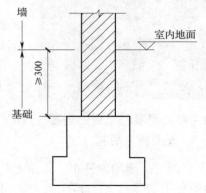

**图 1-44  基础与墙（柱）的划分**

带形基础体积可按其基础断面面积乘以基础长度计算。

基础长度：外墙基础按外墙中心线长度计算，内墙基础按内墙净长计算。

基础体积中不扣除基础大放脚 T 形接头处的重叠部分以及嵌入基础的钢筋、铁件、管道、防潮层、单个面积在 0.3m² 以内孔洞所占体积，但靠墙暖气沟的挑出部分亦不增加。附墙垛基础凸出部分的体积并入基础工程量内。

普通砖基础断面面积可按下式计算：

砖基础断面积 = 基础墙厚度 ×（基础高度 +

折加高度)

折加高度可按砖基础大放脚构造型式、错台层数、基础墙厚度等从表 1 - 4 及表 1 - 5 中查得。

表 1 - 4　等高式砖基础大放脚折加高度

| 基础墙厚（mm） | 大放脚错台层数 | | | | | |
|---|---|---|---|---|---|---|
| | 一 | 二 | 三 | 四 | 五 | 六 |
| | 折加高度（m） | | | | | |
| 115 | 0.137 | 0.411 | 0.822 | 1.369 | 2.054 | 2.876 |
| 240 | 0.066 | 0.197 | 0.394 | 0.656 | 0.984 | 1.378 |
| 365 | 0.043 | 0.129 | 0.259 | 0.432 | 0.647 | 0.906 |
| 490 | 0.032 | 0.096 | 0.193 | 0.321 | 0.482 | 0.675 |
| 615 | 0.026 | 0.077 | 0.154 | 0.256 | 0.384 | 0.538 |
| 740 | 0.021 | 0.064 | 0.128 | 0.213 | 0.319 | 0.447 |
| 增加断面积（m²） | 0.01575 | 0.04725 | 0.0945 | 0.1575 | 0.2363 | 0.3308 |

表 1 - 5　间隔式砖基础大放脚折加高度

| 基础墙厚（mm） | 大放脚错台层数 | | | | | | | | |
|---|---|---|---|---|---|---|---|---|---|
| | 一 | 二 | 三 | 四 | 五 | 六 | 七 | 八 | 九 |
| | 折加高度（m） | | | | | | | | |
| 115 | 0.137 | 0.342 | 0.685 | 1.096 | 1.643 | 2.26 | 3.013 | 3.835 | 4.794 |
| 240 | 0.066 | 0.164 | 0.328 | 0.525 | 0.788 | 1.083 | 1.444 | 1.838 | 2.297 |
| 365 | 0.043 | 0.108 | 0.216 | 0.345 | 0.518 | 0.712 | 0.949 | 1.208 | 1.510 |
| 490 | 0.032 | 0.080 | 0.161 | 0.257 | 0.386 | 0.53 | 0.707 | 0.900 | 1.125 |
| 615 | 0.026 | 0.064 | 0.128 | 0.205 | 0.307 | 0.419 | 0.563 | 0.717 | 0.896 |
| 740 | 0.021 | 0.053 | 0.106 | 0.170 | 0.255 | 0.351 | 0.468 | 0.596 | 0.745 |
| 增加断面积（m²） | 0.0158 | 0.0394 | 0.0788 | 0.126 | 0.189 | 0.2509 | 0.3464 | 0.441 | 0.5513 |

**3. 墙体工程量计算**

墙体工程量按不同材料、厚度、清水或混水，以墙的体积计算。

墙的长度：外墙长度按外墙中心线长度计算，内墙长度按内墙净长计算。

墙的高度按下列规定计算：

（1）外墙高度：

1）坡屋面无檐口天棚者算至屋面板底；

2）有屋架且室内外均有天棚者，算至屋架下弦底面另加 200mm；

3）无天棚者算至屋架下弦底加 300mm，出檐宽度超过 600mm 时，应按实砌高度计算；

4）平屋面算至钢筋混凝土板底。

（2）内墙高度：

1）位于屋架下弦者，其高度算至屋架底；

2）无屋架者算至天棚底另加 100mm；

3）有钢筋混凝土楼板者算至板底；

4）有框架梁时算至梁底面。

（3）山墙高度：按山墙平均高度计算。

墙的厚度应按砖、石、砌块的规格和设计厚度计算。烧结普通砖墙的厚度按表 1-6 计算。

表 1-6    烧结普通砖墙厚度

| 砖数 | $\frac{1}{4}$ | $\frac{1}{2}$ | $\frac{3}{4}$ | 1 | $1\frac{1}{2}$ | 2 | $2\frac{1}{2}$ | 3 |
|---|---|---|---|---|---|---|---|---|
| 厚度（mm） | 53 | 115 | 180 | 240 | 365 | 490 | 615 | 740 |

墙的体积中，应扣除门窗洞口、过人洞、空圈、嵌入墙内的钢筋混凝土柱、梁（包括过梁、圈梁、挑梁）、砖平拱、钢筋砖过梁和暖气包壁龛及内墙板头的体积；不扣除梁头、外墙板头、檩头、垫木、木砖、门窗走头、墙内加固钢筋、铁件、管道以及每个面积在 0.3m² 以下的孔洞等所占体积；不增加突出墙面的虎头砖、压顶线、山墙泛水、烟囱根、门窗套及三皮砖以内的腰线和挑檐等体积。

附墙烟囱（包括附墙通风道、垃圾道）按其外形体积计算，并入所依附的墙体积内，不扣除每个孔洞横截面在 0.1m² 以下的体积。

女儿墙体积并入外墙体积中计算。

附墙垛的体积并入相附的墙体的体积内计算。

多孔砖墙、空心砖墙的体积中，不扣除其孔洞所占体积。

填充墙工程量按其墙体外形体积计算，不扣除墙内填充料所占体积。

贴砌砖的体积并入框架间墙体工程量内。

围墙的墙体与基础工程量合并计算。

**4. 柱工程量计算**

柱工程量按不同材料、柱周边长，以柱的体积计算。

柱体积 = 柱断面面积 × 柱高度

柱高度从下层地面算至上层地面。

柱体积中不扣除梁头所占体积。

**5. 过梁工程量计算**

过梁工程量按不同材料，以过梁体积计算。

砖平拱体积可按洞口宽度加100mm后乘以砖平拱高度，再乘以墙厚计算。

钢筋砖过梁体积可按洞口宽度加500mm后乘以440mm，再乘以墙厚计算。

**6. 砖烟囱工程量计算**

（1）砖烟囱筒身工程量：按不同筒身高度，以筒身的体积计算。应扣除筒身中各种孔洞、钢筋混凝土圈梁、过梁等所占体积。

（2）砖烟囱内衬工程量：按不同内衬材料，以内衬的体积计算，扣除各种孔洞所占体积。

（3）砖烟道工程量：按不同烟道材料，以烟道的体积计算。烟道与炉体的划分以第一道闸门为界。炉体内的烟道部分列入炉体工程量内。

**7. 其他砌体工程量计算**

砖砌台阶工程量按其水平投影面积计算。

砖砌锅台、砖砌炉灶工程量，按其外形体积计算，不扣除各种空洞体积。

砖砌化粪池、砖砌检查井（区分形状）工程量，按其实砌体积计算。

零星砌体（厕所蹲台、水槽腿、灯箱、垃圾箱、台阶挡墙或梯带、花台、花池、房上烟囱、架空隔热板砖墩及毛石墙门窗立边等）工程量按其实砌体积计算。

砖地沟工程量按其体积计算，地沟壁与地沟底合并计算。

挖孔桩砖护壁工程量按其实砌体积计算。

毛石地沟工程量按其体积计算。料石地沟工程量按其中心线长度计算。

毛石护坡工程量按其体积计算。

料石窨井、料石水池工程量按其实砌体积计算。

安砌石踏步工程量按踏步安砌的长度计算。

## 1.5.3 砌体工程工料定额

砌体工程的人工综合工日定额、材料定额、机械定额可参照《全国统一建筑工程基础定额》（上册）中砌筑工程定额表。以下摘录其主要部分列出。

每页定额表上列有工程名称、工作内容、计量单位、定额编号、各项目（人工、材料、机械）的定额。各项目的定额是表示完成计量单位所示的工程量所需要的人工综合工日数、各种材料的需用量、各种机械的台班数。

砌筑砂浆配合比是列出各种砂浆的原材料配合比，据此可算出砂浆原材料的用量。

**1. 砌砖工料定额（见表1-7~表1-17）**

（1）砖基础、砖墙。

工作内容：砖基础包括调运砂浆、铺砂浆、运砖、清理基槽坑、砌砖等；砖墙包括调、运、铺砂浆，运砖；砌砖包括窗台虎头砖、腰线、门窗套；安放木砖、铁件等。

（2）填充墙、贴砌砖。

工作内容：

1）调、运、铺砂浆，运转。

2）砌砖包括窗台虎头砖、腰线、门窗套。

3）安放木砖、铁件等。

## 表 1−7 砌砖用料定额（砖基础、砖墙）

计量单位：10m³

| 定额编号 | | | 4−1 | 4−2 | 4−3 | 4−4 | 4−5 | 4−6 | 4−7 | 4−8 | 4−9 | 4−10 | 4−11 | 4−12 |
|---|---|---|---|---|---|---|---|---|---|---|---|---|---|---|
| 项目 | | | 砖基础 | 单面清水砖墙 | | | | | 混水砖墙 | | | | | |
| | | 单位 | | 1/2砖 | 3/4砖 | 1砖 | 1砖半 | 2砖及2砖以上 | 1/4砖 | 1/2砖 | 3/4砖 | 1砖 | 1砖半 | 2砖及2砖以上 |
| 人工 | 综合工日 | 工日 | 12.18 | 21.97 | 21.63 | 18.87 | 17.83 | 17.14 | 28.17 | 20.14 | 19.64 | 16.08 | 15.63 | 15.46 |
| 材料 | 水泥砂浆 M5 | m³ | 2.36 | — | — | — | — | — | — | — | — | — | — | — |
| | 水泥砂浆 M10 | m³ | — | 1.95 | 2.13 | — | — | — | 1.18 | 1.95 | 2.13 | — | — | — |
| | 水泥混合砂浆 M2.5 | m³ | — | — | — | 2.25 | 2.40 | 2.45 | — | — | — | 2.25 | 2.40 | 2.45 |
| | 水泥砂浆 M7.5 | m³ | — | — | — | — | — | — | — | — | — | — | — | — |
| | 多孔砖 240mm×115mm×90mm | 千块 | — | — | — | — | — | — | — | — | — | — | — | — |
| | 空心砖 240mm×115mm×115mm | 千块 | — | — | — | — | — | — | — | — | — | — | — | — |
| | 空心砖 240mm×240mm×115mm | 千块 | — | — | — | — | — | — | — | — | — | — | — | — |
| | 普通黏土砖 | 千块 | 5.236 | 5.641 | 5.510 | 5.314 | 5.35 | 5.31 | 6.158 | 5.641 | 5.510 | 5.314 | 5.350 | 5.309 |
| | 水 | m³ | 1.05 | 1.13 | 1.10 | 1.06 | 1.07 | 1.06 | 1.23 | 1.13 | 1.10 | 1.06 | 1.07 | 1.06 |
| 机械 | 灰浆搅拌机 200L | 台班 | 0.39 | 0.33 | 0.35 | 0.38 | 0.40 | 0.41 | 0.20 | 0.33 | 0.35 | 0.38 | 0.40 | 0.41 |

| 定额编号 | | | 4−13 | 4−14 | 4−15 | 4−16 | 4−17 | 4−18 | 4−19 | 4−20 | 4−21 | 4−22 |
|---|---|---|---|---|---|---|---|---|---|---|---|---|
| 项目 | | | 弧形砖墙 | | | | 多孔砖墙 | | | 空心砖墙 | | |
| | | | 单面清水 | | 混水 | | | | | 承重黏土空心砖 | | 非承重黏土空心砖 |
| | | 单位 | 1砖 | 1砖半 | 1砖 | 1砖半 | 1/4砖 | 1/2砖 | 1砖 | 1/2砖 | 1砖 | 1砖 |
| 人工 | 综合工日 | 工日 | 12.18 | 21.97 | 21.63 | 18.87 | 14.8 | 14.80 | 12.46 | 14.80 | 12.46 | 12.46 |
| 材料 | 水泥砂浆 M5 | m³ | — | — | — | — | — | — | — | 2.36 | 1.76 | 1.33 |
| | 水泥砂浆 M10 | m³ | — | — | — | — | — | — | — | — | — | — |
| | 水泥混合砂浆 M2.5 | m³ | 2.25 | 2.40 | 2.25 | 2.40 | 1.29 | 1.50 | 1.89 | — | — | — |
| | 水泥砂浆 M7.5 | m³ | — | — | — | — | — | — | — | — | — | — |
| | 多孔砖 240mm×115mm×90mm | 千块 | — | — | — | — | 3.413 | 3.339 | 3.20 | — | — | — |
| | 空心砖 240mm×115mm×115mm | 千块 | — | — | — | — | — | — | — | 2.838 | 2.720 | — |
| | 空心砖 240mm×240mm×115mm | 千块 | — | — | — | — | — | — | — | — | — | 1.360 |
| | 普通黏土砖 | 千块 | 5.418 | 5.450 | 5.418 | 5.450 | 0.363 | 0.355 | 0.34 | — | — | — |
| | 水 | m³ | 1.08 | 1.09 | 1.08 | 1.09 | 1.21 | 1.23 | 1.17 | 1.14 | 1.09 | 1.03 |
| 机械 | 灰浆搅拌机 200L | 台班 | 0.38 | 0.40 | 0.38 | 0.40 | 0.21 | 0.25 | 0.32 | 0.22 | 0.29 | 0.29 |

表 1-8　砌砖用料定额（填充墙、贴砌砖）

计量单位：10m³

| 定额编号 | | | 4-29 | 4-30 | 4-31 | 4-32 |
|---|---|---|---|---|---|---|
| 项目 | | 单位 | $1\frac{1}{2}$砖填充墙 | | 贴砌砖 | |
| | | | 炉渣 | 轻混凝土 | $\frac{1}{4}$砖 | $\frac{1}{2}$砖 |
| 人工 | 综合工日 | 工日 | 13.77 | 11.85 | 30.31 | 20.82 |
| 材料 | 水泥混合砂浆 M10 | m³ | 1.81 | 1.67 | 3.09 | 2.83 |
| | 普通黏土砖 | 千块 | 4.445 | 4.221 | 6.159 | 5.631 |
| | 炉（矿）渣 | m³ | 190 | — | — | — |
| | 炉（矿）渣混凝土 | m³ | — | 2.38 | — | — |
| | 水 | m³ | 0.88 | 0.84 | 1.82 | 1.66 |
| 机械 | 灰浆搅拌机 200L | 台班 | 0.30 | 0.28 | 0.52 | 0.47 |

（3）砌块墙。

工作内容：

1）调、运、铺砂浆，运砌块。

2）砌砌块包括窗台虎头砖、腰线、门窗套。

3）安放木砖、铁件等。

表 1-9　砌砖用料定额（砌块墙）

计量单位：10m³

| 定额编号 | | | 4-33 | 4-34 | 4-35 |
|---|---|---|---|---|---|
| 项目 | | 单位 | 小型空心砌块墙 | 硅酸盐砌块墙 | 加气混凝土砌块墙 |
| 人工 | 综合工日 | 工日 | 12.27 | 10.47 | 10.01 |
| 材料 | 水泥混合砂浆 M10 | m³ | 0.95 | 0.81 | 0.80 |
| | 空心砌块 390mm×190mm×190mm | 块 | 539.90 | — | — |
| | 空心砌块 190mm×190mm×190mm | 块 | 150.00 | — | — |
| | 空心砌块 90mm×190mm×190mm | 块 | 115.00 | — | — |
| | 硅酸盐砌块 880mm×430mm×240mm | 块 | — | 72.40 | — |
| | 硅酸盐砌块 580mm×430mm×240mm | 块 | — | 22.00 | — |
| | 硅酸盐砌块 430mm×430mm×240mm | 块 | — | 8.50 | — |
| | 硅酸盐砌块 280mm×430mm×240mm | 块 | — | 25.25 | — |
| | 普通黏土砖 | 千块 | 0.276 | 0.276 | — |
| | 加气混凝土块 600mm×240mm×150mm | 块 | — | — | 460.00 |
| | 水 | m³ | 0.700 | 1.000 | 1.000 |
| 机械 | 灰浆搅拌机 200L | 台班 | 0.14 | 0.14 | 0.13 |

（4）围墙。

工作内容：调、运、铺砂浆，运转、砌砖。

表 1-10 砌砖用料定额（围墙）

计量单位：100m²

| 定额编号 | | | 4-36 | 4-37 |
|---|---|---|---|---|
| 项目 | | 单位 | 围墙 | |
| | | | $\frac{1}{2}$ 砖 | 1 砖 |
| 人工 | 综合工日 | 工日 | 29.32 | 48.65 |
| 材料 | 水泥混合砂浆 M5 | m³ | 2.43 | 5.78 |
| | 普通黏土砖 | 千块 | 7.037 | 13.805 |
| | 水 | m³ | 1.41 | 2.76 |
| 机械 | 灰浆搅拌机 200L | 台班 | 0.41 | 0.96 |

（5）砖柱。

工作内容：

1）调、运、铺砂浆，运砖。

2）砌砖。

3）安放木砖、铁件等。

表 1-11 砌砖用料定额（砖柱）

计量单位：10m³

| 定额编号 | | | 4-38 | 4-39 | 4-40 | 4-41 | 4-42 | 4-43 | 4-44 |
|---|---|---|---|---|---|---|---|---|---|
| 项目 | | 单位 | 方砖柱清水周长在 | | | 方砖柱混水周长在 | | | 圆、半圆多边形砖柱 |
| | | | 1.2m 以内 | 1.8m 以内 | 1.8m 以上 | 1.2m 以内 | 1.8m 以内 | 1.8m 以上 | |
| 人工 | 综合工日 | 工日 | 27.60 | 25.76 | 21.04 | 26.11 | 24.38 | 19.66 | 25.07 |
| 材料 | 水泥混合砂浆 M10 | m³ | 1.96 | 2.18 | 2.28 | 1.96 | 2.18 | 2.28 | 2.65 |
| | 普通黏土砖 | 千块 | 5.680 | 5.520 | 5.450 | 5.680 | 5.520 | 5.450 | 7.180 |
| | 水 | m³ | 1.14 | 1.10 | 1.09 | 1.14 | 1.10 | 1.09 | 1.44 |
| 机械 | 灰浆搅拌机 200L | 台班 | 0.33 | 0.36 | 0.38 | 0.33 | 0.36 | 0.38 | 0.44 |

（6）砖烟囱。

工作内容：调运砂浆、砍砖、砌砖、原浆勾缝、支模出檐、安爬梯、烟囱帽抹灰等。

表 1 – 12　砌砖用料定额（砖烟囱）

计量单位：10m³

| 定　额　编　号 | | | 4 – 45 | 4 – 46 | 4 – 47 |
|---|---|---|---|---|---|
| 项目 | | 单位 | 砖烟囱筒身高度 | | |
| | | | 20m 以内 | 40m 以内 | 40m 以上 |
| 人工 | 综合工日 | 工日 | 28.26 | 22.68 | 25.44 |
| 材料 | 水泥混合砂浆 M5 | m³ | 2.46 | 2.59 | 2.62 |
| | 普通黏土砖 | 千块 | 6.390 | 6.090 | 5.750 |
| | 水 | m³ | 1.28 | 1.23 | 1.15 |
| 机械 | 灰浆搅拌机 200L | 台班 | 0.41 | 0.43 | 0.44 |

工作内容：调、运砂浆，砍砖、砌砖、内部灰缝刮平及填充隔热材料等。

表 1 – 13　砌砖用料定额（砖烟囱内衬）

计量单位：10m³

| 定　额　编　号 | | | 4 – 48 | 4 – 49 | 4 – 50 |
|---|---|---|---|---|---|
| 项目 | | 单位 | 砖烟囱内衬 | | |
| | | | 普通砖 | 耐火砖 | 耐酸砖 |
| 人工 | 综合工日 | 工日 | 27.60 | 25.76 | 21.04 |
| 材料 | 普通黏土砖 | 千块 | 6.020 | — | — |
| | 耐火砖 | 千块 | — | 5.750 | — |
| | 耐酸砖 | 千块 | — | — | 5.990 |
| | 耐火泥 | kg | — | 1530 | — |
| | 黏土 | m³ | 2.25 | — | — |
| | 耐酸砂浆 | m³ | — | — | 2.00 |
| | 水 | m³ | 2.20 | 0.70 | — |

工作内容：水塔：调运砂浆、砍砖、砌砖及原浆勾缝，制作安装及拆除门窗碹胎模等。

表 1 – 14　砌砖用料定额（砖烟道）

计量单位：10m³

| 定　额　编　号 | | | 4 – 51 | 4 – 52 | 4 – 53 |
|---|---|---|---|---|---|
| 项目 | | 单位 | 砖烟道 | | 砖水塔 |
| | | | 普通标准砖 | 耐火砖 | |
| 人工 | 综合工日 | 工日 | 14.86 | 17.40 | 18.40 |
| 材料 | 水泥混合砂浆 M5 | m³ | 2.71 | — | — |
| | 水泥砂浆 M5 | m³ | — | — | 2.71 |

**续表 1 – 14**

| 定　额　编　号 | | 4 – 51 | 4 – 52 | 4 – 53 |
|---|---|---|---|---|
| 项目 | 单位 | 砖烟道 | | 砖水塔 |
| | | 普通标准砖 | 耐火砖 | |
| 材料　普通黏土砖 | 千块 | 6.090 | — | 5.660 |
| 耐火砖 | 千块 | — | 5.910 | — |
| 耐火泥 | kg | — | 1430 | — |
| 水 | m³ | 2.56 | 0.60 | 1.13 |
| 机械　灰浆搅拌机 200L | 台班 | 0.45 | — | 0.45 |

| 定　额　编　号 | | 4 – 58 | 4 – 59 |
|---|---|---|---|
| 项目 | 单位 | 砖砌检查井 | |
| | | 圆形 | 矩形 |
| 人工　综合工日 | 工日 | 19.09 | 19.09 |
| 材料　水泥砂浆 M5 | m³ | 2.34 | 2.28 |
| 普通黏土砖 | 千块 | 5.463 | 5.397 |
| 水 | m³ | 1.10 | 1.08 |
| 机械　灰浆搅拌机 200L | 台班 | 0.39 | 0.38 |

| 定　额　编　号 | | 4 – 60 | 4 – 61 |
|---|---|---|---|
| 项目 | 单位 | 零星砌体 | 砖地沟 |
| | | 10m³ | 10m³ |
| 人工　综合工日 | 工日 | 23.00 | 12.44 |

| 定　额　编　号 | | 4 – 60 | 4 – 61 |
|---|---|---|---|
| 项目 | 单位 | 零星砌体 | 砖地沟 |
| | | 10m³ | 10m³ |
| 材料　水泥混合砂浆 M5 | m³ | 2.11 | 2.28 |
| 普通黏土砖 | 千块 | 5.514 | 5.396 |
| 水 | m³ | 1.10 | 1.07 |
| 机械　灰浆搅拌机 200L | 台班 | 0.35 | 0.38 |

（7）其他。

**表 1 - 15　砌砖用料定额（其他）**

计量单位：10m³

| 定 额 编 号 | | | 4 - 54 | 4 - 55 | 4 - 56 | 4 - 57 |
|---|---|---|---|---|---|---|
| 项目 | | 单位 | 砖砌台阶 | 砖砌锅台 | 砖砌炉灶 | 砖砌化粪池 |
| | | | 10m² | 10m³ | | |
| 人工 | 综合工日 | 工日 | 4. 86 | 36. 48 | 29. 76 | 13. 22 |
| 材料 | 水泥砂浆 M5 | m³ | 0. 55 | — | — | 2. 39 |
| | 普通黏土砖 | 千块 | 1. 192 | 4. 590 | 4. 386 | 5. 323 |
| | 水泥 42.5 级 | kg | — | 289 | 289 | — |
| | 黏土 | m³ | — | 2. 00 | 1. 70 | — |
| | 麻刀 | kg | — | 2. 00 | — | — |
| | 砂 | m³ | — | 1. 39 | 1. 29 | — |
| | 生石灰 | kg | — | 70. 00 | — | — |
| | 铁钉 | kg | — | — | 6. 00 | — |
| | 镀锌铁丝 10# | kg | — | — | 8. 40 | — |
| | 水 | m³ | 0. 23 | 2. 20 | 2. 20 | 1. 07 |
| 机械 | 灰浆搅拌机 200L | 台班 | 0. 09 | 0. 23 | 0. 21 | 0. 40 |

工作内容：调、运砂浆，铺砂浆、运砖、砌砖，模板制安、拆除、钢筋制安。

**表 1 - 16　砌砖用料定额（砖平拱、钢筋砖过梁）**

计量单位：10m³

| 定 额 编 号 | | | 4 - 62 | 4 - 63 |
|---|---|---|---|---|
| 项目 | | 单位 | 砖平拱 | 钢筋砖过梁 |
| 人工 | 综合工日 | 工日 | 27. 10 | 22. 02 |
| 材料 | 普通黏土砖 | 千块 | 5. 380 | 5. 330 |
| | 水泥混合砂浆 M10 | m³ | 2. 29 | 2. 76 |
| | 水 | m³ | 1. 06 | 1. 06 |
| | 二等板方材 | m³ | 0. 304 | 0. 172 |
| | 铁钉 | kg | 6. 60 | 4. 60 |
| | 钢筋 φ10 以内 | kg | — | 110. 00 |
| 机械 | 灰浆搅拌机 200L | 台班 | 0. 38 | 0. 46 |

工作内容：调、运、铺砂浆，运砖、砌砖。

表 1 – 17　砌砖用料定额（挖孔桩砖护壁）

计量单位：10m³

| 定额编号 | | | 4 – 64 | 4 – 65 |
|---|---|---|---|---|
| 项目 | | 单位 | 挖孔桩砖护壁 | |
| | | | $\frac{1}{4}$砖 | $\frac{1}{2}$砖 |
| 人工 | 综合工日 | 工日 | 23.31 | 23.31 |
| 材料 | 普通黏土砖 | 千块 | 7.21 | 6.17 |
| | 水泥混合砂浆 M10 | m³ | 1.48 | 2.04 |
| | 水 | m³ | 1.30 | 1.25 |
| 机械 | 灰浆搅拌机 200L | 台班 | 0.25 | 0.34 |

**2. 砌石工料定额（见表 1 –18 和表 1 –19）**

（1）基础、勒脚。

工作内容：运石，调、运、铺砂浆，砌筑。

表 1 –18　砌石工料定额（基础、勒脚）

计量单位：10m³

| 定额编号 | | | 4 – 66 | 4 – 67 | 4 – 68 | 4 – 69 |
|---|---|---|---|---|---|---|
| 项目 | | 单位 | 石基础 | | 石勒脚 | |
| | | | 毛石 | 粗料石 | 粗料石 | 细料石 |
| 人工 | 综合工日 | 工日 | 11.01 | 12.23 | 26.29 | 20.27 |
| 材料 | 水泥砂浆 M5 | m³ | 3.93 | 1.93 | 1.19 | 0.70 |
| | 毛石 | m³ | 11.22 | — | — | — |
| | 粗料石 | m³ | — | 10.40 | 10.40 | — |
| | 细料石 | m³ | — | — | — | 10.00 |
| | 水 | m³ | 0.79 | 0.80 | 0.60 | 0.40 |
| 机械 | 灰浆搅拌机 200L | 台班 | 0.66 | 0.23 | 0.20 | 0.12 |

（2）墙、柱。

工作内容：

1）运石，调、运、铺砂浆。

2）砌筑、平整墙角及门窗洞口处的石料加工等。

3）毛石墙身包括墙角、门窗洞口处的石料加工。

表 1－19　砌石工料定额（墙、柱）

计量单位：10m³

| 定额编号 | | | 4－70 | 4－71 | 4－72 | 4－73 | 4－74 |
|---|---|---|---|---|---|---|---|
| 项目 | | 单位 | 墙身 | | | | |
| | | | 毛石 | 毛石墙镶砖 | 粗料石 | 细料石 | 方整石 |
| 人工 | 综合工日 | 工日 | 19.02 | 20.14 | 39.55 | 27.15 | 15.94 |
| 材料 | 水泥混合砂浆 M5 | m³ | 3.93 | 3.56 | 1.19 | 0.70 | 1.41 |
| | 毛石 | m³ | 11.22 | 8.60 | — | — | — |
| | 粗料石 | m³ | — | — | 10.40 | — | — |
| | 细料石 | m³ | — | — | — | 10.00 | — |
| | 方整石 | m³ | — | — | — | — | 9.62 |
| | 普通黏土砖 | 千块 | — | 1.29 | — | — | — |
| | 水 | m³ | 0.79 | 0.99 | 0.70 | 1.30 | 0.60 |
| 机械 | 灰浆搅拌机 200L | 台班 | 0.66 | 0.59 | 0.20 | 0.12 | 0.23 |

| 定额编号 | | | 4－75 | 4－76 | 4－77 | 4－78 |
|---|---|---|---|---|---|---|
| 项目 | | 单位 | 挡土墙 | | | 方整石柱 |
| | | | 毛石 | 粗料石 | 细料石 | |
| 人工 | 综合工日 | 工日 | 13.14 | 17.78 | 14.44 | 30.19 |
| 材料 | 水泥砂浆 M5 | m³ | 3.93 | 1.19 | 0.70 | 1.36 |
| | 毛石 | m³ | 11.22 | — | — | — |
| | 粗料石 | m³ | — | 10.40 | — | — |
| | 细料石 | m³ | — | — | 10.00 | — |
| | 方整石 | m³ | — | — | — | 9.64 |
| | 水 | m³ | 0.79 | 0.70 | 1.30 | 0.60 |
| 机械 | 灰浆搅拌机 200L | 台班 | 0.66 | 0.13 | 0.12 | 0.23 |

| 定额编号 | | | 4－79 | 4－80 |
|---|---|---|---|---|
| 项目 | | 单位 | 砌石地沟 | |
| | | | 10m³ | 10m |
| | | | 毛石 | 料石 |
| 人工 | 综合工日 | 工日 | 22.07 | 10.82 |
| 材料 | 水泥砂浆 M10 | m³ | 3.93 | 0.17 |
| | 毛石 | m³ | 11.22 | — |
| | 料石 | m³ | — | 3.73 |
| | 水 | m³ | 0.79 | 0.03 |
| 机械 | 灰浆搅拌机 200L | 台班 | 0.66 | 0.03 |

**3. 护坡**（见表1-20）

工作内容：调、运砂浆、砌石、铺砂、勾缝等。

**表1-20 砌石工料定额（护坡）**

计量单位：10m³

| 定 额 编 号 | | | 4-81 | 4-82 |
|---|---|---|---|---|
| 项目 | | 单位 | 毛石 | |
| | | | 浆砌 | 干砌 |
| 人工 | 综合工日 | 工日 | 14.16 | 9.20 |
| 材料 | 水泥砂浆 M5 | m³ | 4.31 | — |
| | 毛石 | m³ | 11.73 | 11.73 |
| | 细砂 | m³ | — | 3.72 |
| | 水 | m³ | 0.79 | |
| 机械 | 灰浆搅拌机 200L | 台班 | 0.72 | — |

**4. 其他**（见表1-21）

工作内容：运石，调、运铺砂浆，安铁梯及清理石渣；洗石料；基础夯实、扁钻缝、安砌等。

**表1-21 砌石工料定额（其他）**

| 定 额 编 号 | | | 4-83 | 4-84 | 4-85 |
|---|---|---|---|---|---|
| 项目 | | 单位 | 粗料石砌窖井 | 细料石砌水池 | 安砌石踏步 |
| | | | 10m³ | | 10m |
| 人工 | 综合工日 | 工日 | 16.62 | 14.19 | 5.74 |
| 材料 | 水泥砂浆 M5 | m³ | 1.19 | 0.70 | 0.05 |
| | 粗料石 | m³ | 10.40 | — | — |
| | 细料石 | m³ | — | 10.00 | — |
| | 料石踏步 | m³ | — | — | 10.40 |
| | 水 | m³ | 0.70 | 1.30 | 0.03 |
| 机械 | 灰浆搅拌机 200L | 台班 | 0.20 | 0.12 | 0.01 |

## 1.5.4 工料计算式

砌体工程所需人工工日数按下式计算：

$$人工工日数 = 工程量 × 人工综合工日定额$$

砌体工程所需材料用量按下式计算：

$$材料用量 = 工程量 × 相应材料定额$$

对于组合材料（如砌筑砂浆）应按下式计算出各种原材料用量：

$$原材料用量 = 组合材料用量 × 相应配合比$$

砌体工程所需机械台班数按下式计算：

$$机械台班数 = 工程量 × 相应机械定额$$

# 2  建筑识图基本知识

## 2.1  房屋构造基本知识

砌体房屋的组成，自下而上主要有地基、基础、墙体、楼梯、钢筋混凝土楼板和屋面以及雨篷、阳台、挑檐等。其中墙体中又包含着门窗、过梁、圈梁、构造柱和其他一些墙身构件。

**1.  地基与基础**

砌体房屋底层墙体，埋入土中的部分是地基墙，再向下有一个大放脚是基础，基础下面是地基。砌体房屋层数有限，荷载相对较小，因而基础多为浅基础。比如属于刚性基础的砖或毛石条形基础、钢筋混凝土条形基础；如果上部荷载较大，地基承载力相对较低，也可采用整体筏形基础等。特殊情况下，也不排除采用桩基、箱基等深基础。

基坑（槽）开挖后，无须加固处理即满足设计要求的地基称为天然地基。如地质条件较差，则需进行人工加固处理。人工地基常用的处理方法有换土、重锤夯实、强夯、振冲、砂桩挤密、深层搅拌、堆载预压、化学加固等。

**2.  墙体**

墙体是最基本也是最重要的砌体构件。一般用普通砖或其他砌块和砂浆砌筑而成。砖墙体以厚度不同分类，有 12 墙、24 墙、37 墙，严寒地区还有自然保温效果较好的49 墙，其相应实际厚度分别为 120mm、240mm、370mm 和 490mm，如图 2 – 1～图2 – 4 所示。

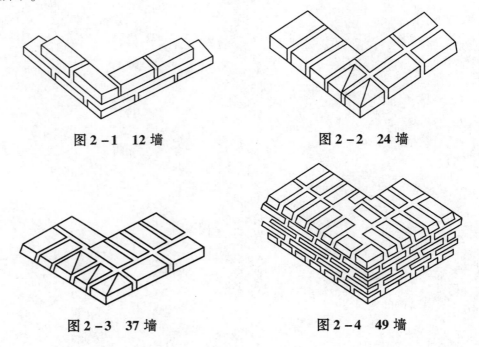

图 2 –1   12 墙          图 2 –2   24 墙

图 2 –3   37 墙          图 2 –4   49 墙

为确保砌体房屋具有良好的整体性和刚度以抵抗地震灾害，根据抗震设防烈度等因素在房屋每层的楼板板底处设置圈梁。当地震设防要求不高时，一般仅在基础及房屋顶层檐口处各设一道圈梁；在房屋的转角处、纵横墙相交处、楼梯间四角等部位还应设置构造柱。

墙身构件主要有以下几种：

（1）勒脚。勒脚在外墙与室外地面结合部位，其作用是保护墙角、加固墙身，另外还有美化建筑物的立面效果。

（2）墙身防潮层。墙身防潮层一般设置在室外地坪以上，室内地面标高±0.000以下60mm左右第一道砖墙水平灰缝位置。防潮层沿所有墙体连续设置不得间断，以阻断地面以下潮气向上侵入并腐蚀墙身主体。

防潮层所处的标高，通常是结合底层墙体砌筑的施工第一步——找平层制作完成的。在非抗震地区，用20mm水泥砂浆抹平，其上做卷材防潮层。在抗震地区，则应选择刚性防潮层，一种是25mm厚的水泥砂浆防潮层，所用水泥砂浆内掺一定比例的防水剂；另一种是细石混凝土防潮层，浇筑60mm厚与墙等宽的细石混凝土条带，内设构造钢筋，如图2－5所示。

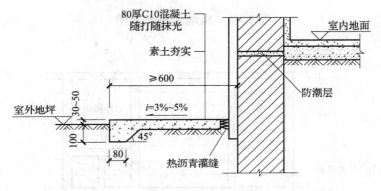

**图2－5　防潮层与散水**

（3）散水与明沟。散水与明沟设置于建筑物的外墙四周。散水阻止了雨天室外雨水沿墙身、基础侵入地基，保护了地基基础结构安全。散水自身具有一定坡度，雨水流经时便形成有组织的排水将其向外导入明沟，沿明沟按一定坡度排泄最终进入总排水管网。

散水及明沟，均可用砖、块石等材料砌筑，也可用混凝土或钢筋混凝土浇筑而成，如图2－5所示。

（4）门窗过梁。门窗过梁设于门窗洞口上坪，它有效地支撑起洞口上部砌体及砌体所承担的楼板屋盖，并把这部分荷载传递到过梁两端，再传给窗间墙体。过梁洞口上部范围内，规范设计要求不允许设置梁。

过梁按材料和施工方法不同，分为砖砌平拱过梁、钢筋砖过梁和钢筋混凝土过梁三种，钢筋混凝土过梁又分现浇过梁和预制过梁。砌体房屋大规模采用第三种，前两种由于受力及抗震性能较差，目前已经很少采用。

另外，与墙身有关的构件还有雨篷、屋檐、窗台及台阶等。

**3. 楼板与屋盖**

楼板与屋盖都是砌体房屋的重要构件，它与墙体一起形成了砌体房屋的上部结构。

从受力看，内力以荷载的方式，在结构体系的构件中和构件之间传递。作用在楼板和屋盖上的"面"荷载，向四周扩散：如果传递到梁上，会以"线"荷载方式向两端传递到墙上；如果传递到墙上，则继续以"线"荷载方式往下层墙体传递，经基础最终传给地基。由承重墙纵横走向的不同，砌体房屋可划分为纵墙承重方案、横墙承重方案及纵、横墙混合承重方案，如图 2 – 6 ~ 图 2 – 8 所示。

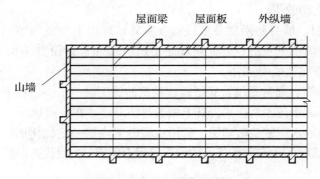

图 2 – 6　纵墙承重示意图

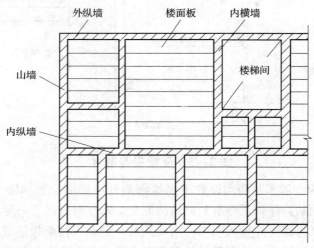

图 2 – 7　横墙承重示意图

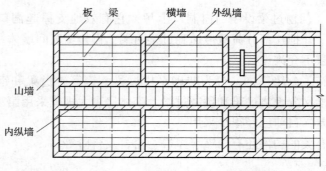

图 2 – 8　纵、横墙混合承重示意图

楼板屋盖多采用现浇钢筋混凝土结构，预制钢筋混凝土板装配式结构已经很少采用。现浇结构优点体现在有较好的整体防水效果，当然与预制装配式相比，现浇混凝土施工稍显烦琐，工期略长。

**4. 楼梯**

砌体房屋楼梯分为现浇钢筋混凝土结构板式楼梯和梁式楼梯，前者较为多见。

**5. 门窗**

砌体房屋门窗有木制门窗、铝合金门窗、塑料制门窗等多种。

**6. 阳台**

砌体房屋阳台多采用现浇钢筋混凝土结构，一般和钢筋混凝土的楼板或屋面、圈梁、构造柱整体浇筑。

## 2.2 建筑识图方法

建造一座好的建筑物，首先要有一套设计好的施工图纸及有关的标准图集，通过图形和文字来说明该建筑物的构造、尺寸、规模及所需材料，然后通过施工将图纸上设计的建筑物变成实际建筑物。施工图是按扩大初步设计中所确定的设计方案，采用国家颁布的有关制图标准，来统一规定的绘图方法绘制而成。

**1. 图线和比例**

1）工程建设制图应当选用的图线见表 2 – 1。

表 2 – 1　工程建设制图应选用的图线

| 名称 | | 线型 | 线宽 | 一般用途 |
|---|---|---|---|---|
| 实线 | 粗 | | $b$ | 主要可见轮廓线 |
| | 中粗 | | $0.7b$ | 可见轮廓线 |
| | 中 | | $0.5b$ | 可见轮廓线、尺寸线、变更云线 |
| | 细 | | $0.25b$ | 图例填充线、家具线 |
| 虚线 | 粗 | | $b$ | 见各有关专业制图标准 |
| | 中粗 | | $0.7b$ | 不可见轮廓线 |
| | 中 | | $0.5b$ | 不可见轮廓线、图例线 |
| | 细 | | $0.25b$ | 图例填充线、家具线 |
| 单点长画线 | 粗 | | $b$ | 见各有关专业制图标准 |
| | 中 | | $0.5b$ | 见各有关专业制图标准 |
| | 细 | | $0.25b$ | 中心线、对称线、轴线等 |
| 双点长画线 | 粗 | | $b$ | 见各有关专业制图标准 |
| | 中 | | $0.5b$ | 见各有关专业制图标准 |
| | 细 | | $0.25b$ | 假象轮廓线、成型前原始轮廓线 |
| 折断线 | | | $0.25b$ | 断开界线 |
| 波浪线 | | | $0.25b$ | 断开界线 |

2）图样的比例应为图形与实物相对应的线性尺寸之比。比例的大小，是指其比值的大小，如 1:50 大于 1:1000。比例的符号为"："，比例应用阿拉伯数字表示，如 1:1、1:2、1:50 等。比值小于 1 的比例称为缩小比例，比值大于 1 的比例称为放大比例。建筑施工图中常用的比例见表 2-2。

表 2-2　建筑工程施工图常用的比例

| 图　　名 | 比　　例 |
|---|---|
| 总平面图 | 1:500，1:1000，1:2000 |
| 平面图、剖面图、立面图 | 1:50，1:100，1:200 |
| 不常见平面图 | 1:300，1:400 |
| 详图 | 1:1，1:2，1:5，1:10，1:20，1:25，1:50 |

**2. 幅面、标题栏和会签栏**

1）幅面的尺寸，参见表 2-3 及如图 2-9、图 2-10 所示。

表 2-3　幅面及图框架尺寸（mm）

| 图幅代号<br>尺寸代号 | A0 | A1 | A2 | A3 | A4 |
|---|---|---|---|---|---|
| $b \times l$ | 841×1189 | 594×841 | 420×594 | 297×420 | 210×297 |
| $c$ | 10 | | | 5 | |
| $a$ | 25 | | | | |

注：表中 $b$ 为幅面短边尺寸，$l$ 为幅面长边尺寸，$c$ 为图框线与幅面线间宽度，$a$ 为图框线与装订边间宽度。

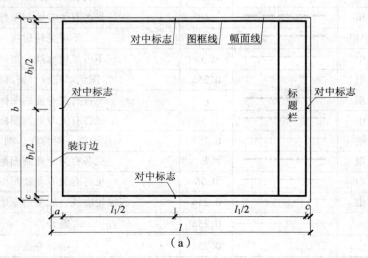

（a）

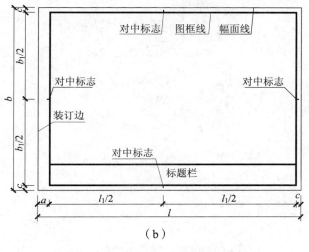

（b）

**图 2 - 9　A0 ~ A3 横式幅面**

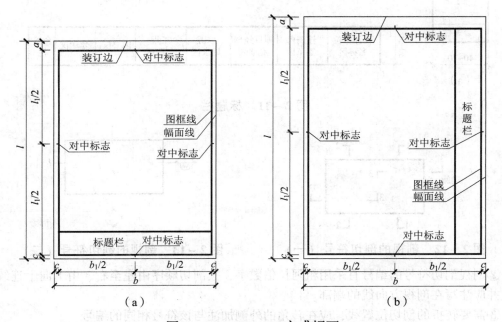

（a）　　　　　　　　　　　　（b）

**图 2 - 10　A0 ~ A4 立式幅面**

2）标题栏的设置如图 2 - 11 所示。

**3. 绘图符号**

（1）剖切符号。

1）剖视的剖切符号应由剖切位置线及剖视方向线组成，均应以粗实线绘制。剖视的剖切符号应符合下列规定：

①剖切位置线的长度宜为 6 ~ 10mm；剖视方向线应垂直于剖切位置线，长度应短于剖切位置线，宜为 4 ~ 6mm（见图 2 - 12），也可采用国际统一和常用的剖视方法，如图 2 - 13 所示。绘制时，剖视剖切符号不应与其他图线相接触。

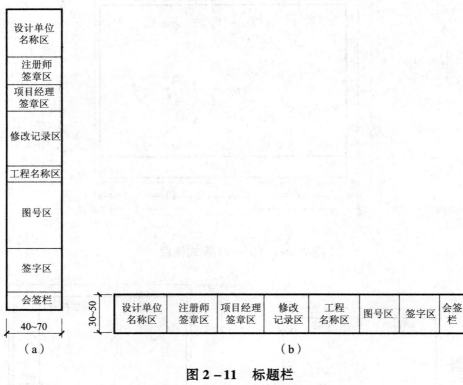

图 2 – 11　标题栏

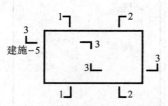

图 2 – 12　剖视的剖切符号（一）

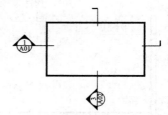

图 2 – 13　剖视的剖切符号（二）

②剖视剖切符号的编号宜采用粗阿拉伯数字，按剖切顺序由左至右、由下向上连续编排，并应注写在剖视方向线的端部。

③需要转折的剖切位置线，应在转角的外侧加注与该符号相同的编号。

④建（构）筑物剖面图的剖切符号应注在 ±0.000 标高的平面图或首层平面图上。

⑤局部剖面图（不含首层）的剖切符号应标注在包含剖切部位的最下面一层的平面图上。

2）断面的剖切符号应符合下列规定：

①断面的剖切符号应只用剖切位置线表示，并应以粗实线绘制，长度宜为 6 ~ 10mm。

②断面剖切符号的编号宜采用阿拉伯数字，按顺序连续编排，并应注写在剖切位置线的一侧；编号所在的一侧应为该断面的剖视方向（见图 2 – 14）。

3）剖面图或断面图，当与被剖切图样不在同一张图内，应在剖切位置线的另一侧注明其所在图纸的编号，也可以在图上集中说明。

（2）索引符号、详图符号。

1）图样中的某一局部或构件，如需另见详图，应以索引符号索引，如图 2 – 15（a）所示。索引符号是由直径为 8～10mm 的圆和水平直径组成，圆及水平直径应以细实线绘制。索引符号应按下列规定编写：

①索引出的详图，如与被索引的详图同在一张图纸内，应在索引符号的上半圆中用阿拉伯数字注明该详图的编号，并在下半圆中间画一段水平细实线，如图 2 – 15（b）所示。

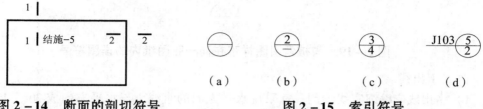

| 图 2 – 14　断面的剖切符号 | 图 2 – 15　索引符号 |

②索引出的详图，如与被索引的详图不在同一张图纸内，应在索引符号的上半圆中用阿拉伯数字注明该详图的编号，在索引符号的下半圆用阿拉伯数字注明该详图所在图纸的编号，如图 2 – 15（c）所示。数字较多时，可加文字标注。

③索引出的详图，如采用标准图，应在索引符号水平直径的延长线上加注该标准图集的编号，如图 2 – 15（d）所示。需要标注比例时，文字在索引符合右侧或延长线下方，与符号下对齐。

2）索引符号当用于索引剖视详图，应在被剖切的部位绘制剖切位置线，并以引出线引出索引符号，引出线所在的一侧应为剖视方向，索引符号的编号同上，如图 2 – 16 所示。

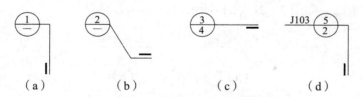

**图 2 – 16　用于索引剖面详图的索引符号**

3）零件、钢筋、杆件、设备等的编号宜以直径为 5～6mm 的细实线圆表示，同一图样应保持一致，其编号应用阿拉伯数字按顺序编写，如图 2 – 17 所示。消火栓、配电箱、管井等的索引符号，直径宜为 4～6mm。

**图 2 – 17　零件、钢筋等的编号**

4）详图的位置和编号应以详图符号表示。详图符号的圆应以直径为 14mm 的粗实线绘制。详图编号应符合下列规定：

①详图与被索引的图样同在一张图纸内时，应在详图符号内用阿拉伯数字注明该详图的编号，如图 2 – 18 所示。

**图 2 – 18　与被索引图样同在一张图纸内的详图符号**

②详图与被索引的图样不在同一张图纸内时，应用细实线在详图符号内画一水平直径，在上半圆中注明详图编号，在下半圆中注明被索引的图纸的编号，如图 2 – 19 所示。

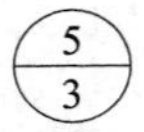

$$\frac{5}{3}$$

**图 2 – 19　与被索引图样不在同一张图纸内的详图符号**

（3）引出线。

1）引出线应以细实线绘制，宜采用水平方向的直线，与水平方向成 30°、45°、60°、90°的直线，或经上述角度再折为水平线。文字说明宜注写在水平线的上方，如图 2 – 20（a）所示，也可注写在水平线的端部，如图 2 – 20（b）所示。索引详图的引出线应与水平直径线相连接，如图 2 – 20（c）所示。

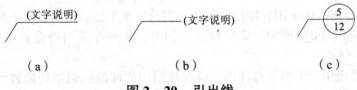

**图 2 – 20　引出线**

2）同时引出的几个相同部分的引出线宜互相平行，如图 2 – 21（a）所示，也可画成集中于一点的放射线，如图 2 – 21（b）所示。

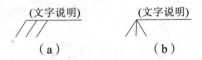

**图 2 – 21　共用引出线**

3）多层构造或多层管道共用引出线，应通过被引出的各层，并用圆点示意对应各层次。文字说明宜注写在水平线的上方，或注写在水平线的端部，说明的顺序应由上至下，并应与被说明的层次对应一致；如层次为横向排序，则由上至下的说明顺序应与由左至右的层次对应一致，如图 2 – 22 所示。

（4）其他符号。

1）对称符号由对称线和两端的两对平行线组成。对称线用细单点长画线绘制；平行线用细实线绘制，其长度宜为 6 ~ 10mm，每对的间距宜为 2 ~ 3mm；对称线垂直平分于两对平行线，两端超出平行线宜为 2 ~ 3mm，如图 2 – 23 所示。

2）连接符号应以折断线表示需连接的部位。两部位相距过远时，折断线两端靠图样一侧应标注大写拉丁字母表示连接编号。两个被连接的图样应用相同的字母编号，如图 2 – 24 所示。

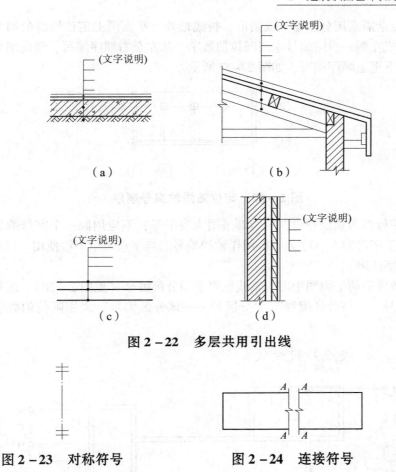

图 2-22 多层共用引出线

图 2-23 对称符号          图 2-24 连接符号

3）指北针的形状符合图 2-25 的规定，其圆的直径宜为 24mm，用细实线绘制；指针尾部的宽度宜为 3mm，指针头部应注 "北" 或 "N" 字。需用较大直径绘制指北针时，指针尾部的宽度宜为直径的 $\frac{1}{8}$。

4）对图纸中局部变更部分宜采用云线，并宜注明修改版次，如图 2-26 所示。

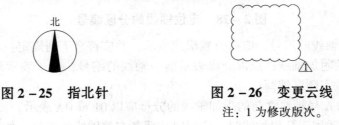

图 2-25 指北针          图 2-26 变更云线

注：1 为修改版次。

**4. 定位轴线**

1）定位轴线应用细单点长画线绘制。

2）定位轴线应编号，编号应注写在轴线端部的圆内。圆应用细实线绘制，直径为 8~10mm。定位轴线圆的圆心应在定位轴线的延长线上或延长线的折线上。

3）除较复杂需采用分区编号或圆形、折线形外，平面图上定位轴线的编号，宜标注在图样的下方或左侧。横向编号应用阿拉伯数字，从左至右顺序编写；竖向编号应用大写拉丁字母，从下至上顺序编写，如图 2－27 所示。

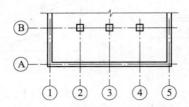

**图 2－27　定位轴线的编号顺序**

4）拉丁字母作为轴线号时，应全部采用大写字母，不应用同一个字母的大小写来区分轴线号。拉丁字母的 I、O、Z 不得用作轴线编号。当字母数量不够使用，可增用双字母或单字母加数字注脚。

5）组合较复杂的平面图中定位轴线也可采用分区编号（见图 2－28）。编号的注写形式应为"分区号——该分区编号"。"分区号——该分区编号"采用阿拉伯数字或大写拉丁字母表示。

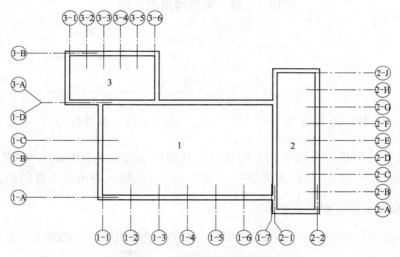

**图 2－28　定位轴线的分区编号**

6）附加定位轴线的编号，应以分数形式表示，并应符合下列规定：

①两根轴线的附加轴线，应以分母表示前一轴线的编号，分子表示附加轴线的编号。编号宜用阿拉伯数字顺序编写；

②1 号轴线或 A 号轴线之前的附加轴线的分母应以 01 或 0A 表示。

7）一个详图适用于几根轴线时，应同时注明各有关轴线的编号，如图 2－29 所示。

8）通用详图中的定位轴线，应只画圆，不注写轴线编号。

9）圆形与弧形平面图中的定位轴线，其径向轴线应以角度进行定位，其编号宜用阿拉伯数字表示，从左下角或 －90°（若径向轴线很密，角度间隔很小）开始，按逆时针顺序编写；其环向轴线宜用大写阿拉伯字母表示，从外向内顺序编写（见图 2－30、图 2－31）。

用于2根轴线时　　用于3根或3根　　用于3根以上连续
　　　　　　　　以上轴线时　　　编号的轴线时

**图2－29　详图的轴线编号**

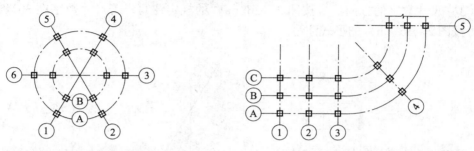

**图2－30　圆形平面定位轴线的编号**　　**图2－31　弧形平面定位轴线的编号**

10）折线形平面图中定位轴线的编号可按图2－32的形式编写。

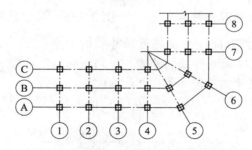

**图2－32　折线形平面定位轴线的编号**

**5．尺寸标注**

（1）尺寸界线、尺寸线及尺寸起止符号。

1）图样上的尺寸应包括尺寸界线、尺寸线、尺寸起止符号和尺寸数字（见图2－33）。

2）尺寸界线应用细实线绘制，应与被注长度垂直，其一端应离开图样轮廓线不应小于2mm，另一端宜超出尺寸线2～3mm。图样轮廓线可用作尺寸界线（见图2－34）。

尺寸起止符号　　　尺寸数字
　　　　　　　　6050　　　　尺寸界线
　　　　　　　尺寸线

**图2－33　尺寸的组成**　　　　**图2－34　尺寸界限**

3）尺寸线应用细实线绘制，应与被注长度平行。图样本身的任何图线均不得用作尺寸线。

4）尺寸起止符号用中粗斜短线绘制，其倾斜方向应与尺寸界线成顺时针45°角，长度宜为2～3mm。半径、直径、角度与弧长的尺寸起止符号，宜用箭头表示（见图2－35）。

（2）尺寸数字。

1）图样上的尺寸应以尺寸数字为准，不得从图上直接量取。

2）图样上的尺寸单位除标高及总平面以米为单位外，其他必须以毫米为单位。

3）尺寸数字的方向，应按图2－36（a）的规定注写。若尺寸数字在30°斜线区内，也可按图2－36（b）的形式注写。

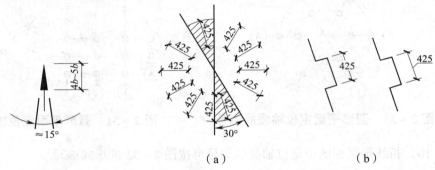

图2－35　箭头尺寸起止符号　　　　图2－36　尺寸数字的注写方向

4）尺寸数字应依据其方向注写在靠近尺寸线的上方中部。如没有足够的注写位置，最外边的尺寸数字可注写在尺寸界线的外侧，中间相邻的尺寸数字可上下错开注写，引出线端部用圆点表示标注尺寸的位置（见图2－37）。

图2－37　尺寸数字的注写位置

（3）尺寸的排列与布置。

1）尺寸宜标注在图样轮廓以外，不宜与图线、文字及符号等相交（见图2－38）。

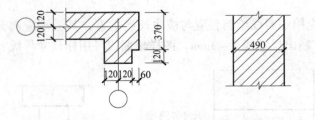

图2－38　尺寸数字的注写

2）互相平行的尺寸线，应从被注写的图样轮廓线由近向远整齐排列，较小尺寸应离轮廓线较近，较大尺寸应离轮廓线较远（见图2－39）。

3）图样轮廓线以外的尺寸界线，距图样最外轮廓之间的距离不宜小于 10mm。平行排列的尺寸线的间距宜为 7~10mm，并应保持一致（见图 2-39）。

4）总尺寸的尺寸界线应靠近所指部位，中间的分尺寸的尺寸界线可稍短，但其长度应相等（见图 2-39）。

（4）半径、直径、球的尺寸标注。

1）半径的尺寸线应一端从圆心开始，另一端画箭头指向圆弧。半径数字前应加注半径符号"R"（见图 2-40）。

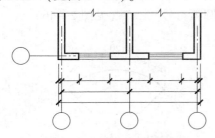

图 2-39 尺寸的排列

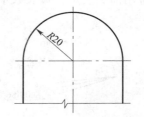

图 2-40 半径标注方法

2）较小圆弧的半径，可按图 2-41 形式标注。

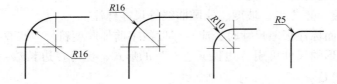

图 2-41 小圆弧半径的标注方法

3）较大圆弧的半径，可按图 2-42 形式标注。

图 2-42 大圆弧半径的标注方法

4）标注圆的直径尺寸时，直径数字前应加直径符号"$\phi$"。在圆内标注的尺寸线应通过圆心，两端画箭头指至圆弧（见图 2-43）。

5）较小圆的直径尺寸，可标注在圆外（见图 2-44）。

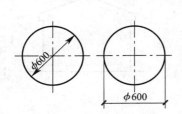

图 2-43 圆直径的标注方法

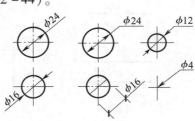

图 2-44 小圆直径的标注方法

6）标注球的半径尺寸时，应在尺寸前加注符号"*SR*"。标注球的直径尺寸时，应在尺寸数字前加注符号"*Sφ*"。注写方法与圆弧半径和圆直径的尺寸标注方法相同。

（5）角度、弧度、弧长的标注。

1）角度的尺寸线应以圆弧表示。该圆弧的圆心应是该角的顶点，角的两条边为尺寸界线。起止符号应以箭头表示，如没有足够位置画箭头，可用圆点代替，角度数字应沿尺寸线方向注写（见图2－45）。

2）标注圆弧的弧长时，尺寸线应以与该圆弧同心的圆弧线表示，尺寸界线应指向圆心，起止符号用箭头表示，弧长数字上方应加注圆弧符号"⌒"（见图2－46）。

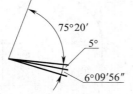
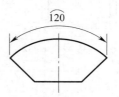

图2－45　角度标注方法　　　　图2－46　弧长标注方法

3）标注圆弧的弦长时，尺寸线应以平行于该弦的直线表示，尺寸界线应垂直于该弦，起止符号用中粗斜短线表示（见图2－47）。

（6）薄板厚度、正方形、坡度、非圆曲线等尺寸标注。

1）在薄板板面标注板厚尺寸时，应在厚度数字前加厚度符号"*t*"（见图2－48）。

2）标注正方形的尺寸可用"边长×边长"的形式，也可在边长数字前加正方形符号"□"（见图2－49）。

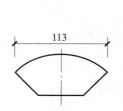
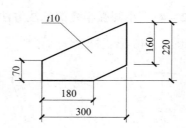
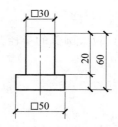

图2－47　弦长标注方法　　图2－48　薄板厚度标注方法　　图2－49　标注正方形尺寸

3）标注坡度时，应加注坡度符号"←"［见图2－50（a）、（b）］，该符号为单面箭头，箭头应指向下坡方向。坡度也可用直角三角形形式标注［图2－50（c）］。

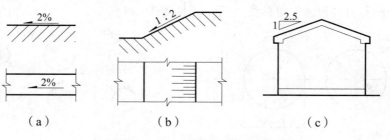

（a）　　　　　　　（b）　　　　　　　（c）

图2－50　坡度标注方法

4）外形为非圆曲线的构件，可用坐标形式标注尺寸（见图2-51）。

5）复杂的图形可用网格形式标注尺寸（见图2-52）。

（7）尺寸的简化标注。

1）杆件或管线的长度在单线图（桁架简图、钢筋简图、管线简图）上，可直接将尺寸数字沿杆件或管线的一侧注写（见图2-53）。

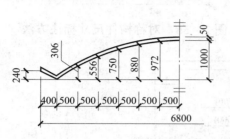

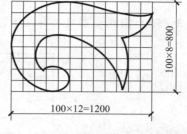

图2-51　坐标法标注曲线尺寸　　　图2-52　网格法标注曲线尺寸

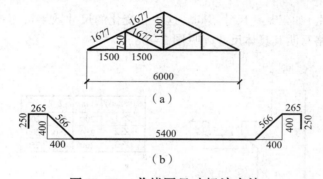

图2-53　单线图尺寸标注方法

2）连续排列的等长尺寸，可用"等长尺寸×个数=总长"［见图2-54（a）］或"等分×个数=总长"［图2-54（b）］的形式标注。

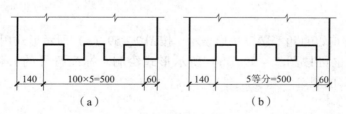

图2-54　等长尺寸简化标注方法

3）构配件内的构造因素（如孔、槽等）如相同，可仅标注其中一个要素的尺寸（见图2-55）。

4）对称构配件采用对称省略画法时，该对称构配件的尺寸线应略超过对称符号，仅在尺寸线的一端画尺寸起止符号，尺寸数字应按整体全尺寸注写，其注写位置宜与对称符号对齐（见图2-56）。

5）两个构配件，如个别尺寸数字不同，可在同一图样中将其中一个构配件的不同尺寸数字注写在括号内，该构配件的名称也应注写在相应的括号内（见图2-57）。

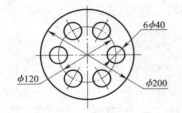

图 2 – 55　相同要素尺寸标注方法

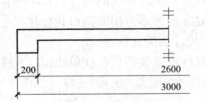

图 2 – 56　对称构件尺寸标注方法

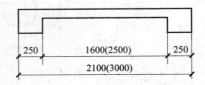

图 2 – 57　相似构件尺寸标注方法

6）数个构配件，如仅某些尺寸不同，这些有变化的尺寸数字可用拉丁字母注写在同一图样中，另列表格写明其具体尺寸（见图 2 – 58）。

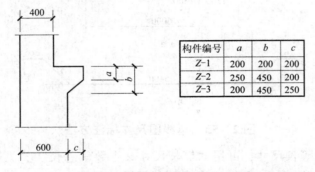

| 构件编号 | a | b | c |
|---|---|---|---|
| Z-1 | 200 | 200 | 200 |
| Z-2 | 250 | 450 | 200 |
| Z-3 | 200 | 450 | 250 |

图 2 – 58　相似构配件尺寸表格式标注方法

**6. 标高**

1）标高符号应以直角等腰三角形表示，按图 2 – 59（a）所示形式用细实线绘制，当标注位置不够，也可按图 2 – 59（b）所示形式绘制。标高符号的具体画法应符合图 2 – 59（c）、（d）的规定。

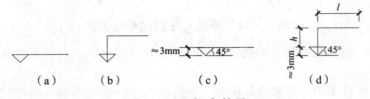

（a）　　　（b）　　　（c）　　　（d）

图 2 – 59　标高符号

l—取适当长度注写标高数字；h—根据需要取适当高度

2）总平面图室外地坪标高符号宜用涂黑的三角形表示，具体画法应符合图 2 – 60 的规定。

**图2-60 总平面图室外地坪标高符号**

3）标高符号的尖端应指至被注高度的位置。尖端宜向下，也可向上。标高数字应注写在标高符号的上侧或下侧，如图2-61所示。

4）标高数字应以米为单位，注写到小数点以后第三位。在总平面图中，可注写到小数字点以后第二位。

5）零点标高应注写成±0.000，正数标高不注"+"，负数标高应注"-"，如3.000、-0.600。

6）在图样的同一位置需表示几个不同标高时，标高数字可按图2-62的形式注写。

**图2-61 标高的指向**　　　　**图2-62 同一位置注写多个标高数字**

**7. 总平面图识读**

1）表明新建区域的地形、地貌、平面布置及其周围总体情况的平面图，包括红线位置，各建（构）筑物、道路、河流、绿化等的位置及相互间的位置关系。

2）确定新建房屋的平面位置。一般根据原有建筑物或道路定位，标注定位的尺寸；修建成片住宅、较大的公共建筑物、工厂或地形复杂时，用坐标确定房屋及道路转折点的位置。

3）表明建筑物首层地面的绝对标高，室外地坪、道路的绝对标高。注意底层室内地坪标高与等高线标高的关系，说明土方填挖情况、地面坡度及雨水排除方向。

4）建筑物的朝向是用指北针和风向频率玫瑰图来表示的。风向频率玫瑰图还可以表示该地区常年风向频率。它是根据某一地区多年统计的各个方向吹风次数的百分数值按一定比例绘制，用16个罗盘方位表示。风向频率玫瑰图上所表示的风的吹向，是指从外面吹向地区中心的。实线图形表示常年风向频率，虚线图形表示夏季（6月、7月、8月三个月）的风向频率。

5）根据工程的需要，有时还有水、暖、电等管线总平面，各种管线综合布置图、竖向设计图、道路纵横剖面图以及绿化布置图等。

**8. 建筑平面图识读**

1）表明建筑物的平面形状、朝向及内部各房间包括走廊、墙、柱、楼梯、出入口阳台的布置情况和相互关系。

2）表明建筑物及其各部分的平面尺寸。在建筑平面图中，一定要详细标注尺寸。平面图中的尺寸分为内部尺寸和外部尺寸。

内部尺寸标注在图形的内部，用来说明房间的净空大小，内门、窗的宽度，内墙厚度以及固定设备的大小和位置。

外部尺寸有三道，一般沿横向、竖向分别标注在图形的下方和左方。

第一道尺寸：表示建筑物外轮廓的总体尺寸，又称为外包尺寸。它是从建筑物一端外墙边到另一端外墙边的总长和总宽尺寸。

第二道尺寸：表示轴线之间的距离，又称为轴线尺寸。它标注在各轴线之间，用以说明房间的开间及进深的尺寸。

第三道尺寸：表示各细部的位置大小的尺寸，又称细部尺寸。它以轴线为基准，标注出门、窗的大小和位置，墙、柱的大小和位置。此外，台阶（或坡道）、散水等细部结构的尺寸可以分别单独标出。

3）表明地面和各层楼面的标高。

4）表明各种门、窗的位置，代号和编号以及门的开启方向。门的代号用 M 表示，窗的代号用 C 表示，编号数用阿拉伯数字表示。

5）表示剖面图剖切符号、详图索引符号的位置及编号。

6）综合反映其他各工种（工艺、水、暖、电）对土建的要求。各工程要求的坑、台、水池、地沟、电闸箱、消火栓、雨水管等及在墙或楼板上的预留洞，应该在图中表明其位置和尺寸。

7）表明室内装修的做法。包括室内地面、墙面及顶棚等处的材料及做法。一般简单的装修要在平面图内直接用文字说明；较复杂的工程则另列房间明细表和材料做法表，或另画建筑装修图。

8）文字说明。平面图中不容易表明的内容，如施工要求、砖及灰浆的强度等级等需用文字说明。

**9. 建筑立面图识读**

1）图名、比例。立面图的比例常与平面图保持一致。

2）标注建筑物两端的定位轴线及编号。在立面图中一般只画出两端的定位轴线及编号，以便与平面图对照。

3）画出室内外地面线、房屋的勒脚、外部装饰及墙面分格线。表示出屋顶、雨篷、阳台、台阶、雨水管、水斗等位置细部结构的形状和做法。为了使立面图外形清晰，通常把房屋立面的最外轮廓线用粗实线表示，室外地面用特粗线表示，门窗洞口、檐口、阳台、雨篷、台阶等用中实线表示；其他的，如墙面分隔线、门窗格子、雨水管以及引出线等均用细实线表示。

4）表示门窗在外立面的分布、外形以及开启方向。在立面图上，门窗应按标准规定的图例画出。门、窗立面图中的斜细线表示开启方向符号。细实线表示向外开，细虚线表示向内开。一般不需要把所有的窗都画上开启符号。凡是窗的型号相同的，画出其中一个、二个即可。

5）标注各部位的标高及必须要标注的局部尺寸。在立面图上，高度尺寸主要用标高表示，一般的要标注室内外地坪，一层楼地面，窗顶、窗台、阳台面、檐口、女儿墙压顶面，进口平台面及雨篷底面等的标高。

6）标注出详图索引符号。

7）文字说明外墙装修做法。根据设计要求外墙面可选用不同的材料及做法，在立面图上一般用文字说明。

**10. 建筑剖面图识读**

1）图名、比例及定位轴线。剖面图的图名与底层平面图所标注的剖切位置符号的编号一致。在剖面图中，应标出被剖切的各承重墙的定位轴线的编号及与平面图一致的轴线编号。

2）表示出室内底层地面到屋顶的结构形式、分层情况。在剖面图中，断面的表示方法与平面图相同。用粗实线来表示断面轮廓线，钢筋混凝土构件的断面可涂黑表示。用中实线来表示其他没被剖切到的可见轮廓线。

3）标注各部分结构的标高和高度方向尺寸。剖面图中应标出室内外地面、各层楼面、楼梯平台、檐口、女儿墙顶面等处的标高。其他结构则应标出高度尺寸。高度尺寸分为三道：

第一道是总高尺寸，标在最外边。即室外地面到女儿墙顶的点高度。

第二道是层高尺寸，主要表示各层的高度。即室地坪、室内地坪、楼面到点尺寸的距离。

第三道是细部尺寸，表示门窗洞、阳台、勒脚等的高度。

4）用文字说明某些用料及楼面、地面的做法等。需要画出详图的部位，还应标出详图索引符号。

**11. 建筑详图识读**

（1）建筑详图的分类及特点。建筑详图分为局部构造详图和构配件详图。局部构造详图主要表示房屋某一局部构造做法和材料的组成，如墙身详图、楼梯详图等。构配件详图主要表示构配件本身的构造，如门、窗、花格等详图。建筑详图具有以下特点：

1）图形详。图形采用较大比例来绘制，各部分结构应表达详细，层次清楚，并且要详而不繁。

2）数据详。各结构的尺寸要标注的完整齐全。

3）文字详。无法用图形表达的内容采用文字说明，要详尽清楚。

详图的表达方法和数量，可以根据房屋构造的复杂程度而定。有的只用一个剖面详图就能表达清楚（如墙身详图），有的需加平面详图（如楼梯间、卫生间）或用立面详图（如门窗详图）才能表达清楚。

（2）外墙身详图识读。外墙身详图实际上是建筑剖面图的局部放大图。它主要表示房屋的檐口、屋顶、楼层、窗台、地面、门窗顶、勒脚、散水等处的构造，楼板与墙的连接关系。

1）外墙身详图的主要内容包括：

①标出墙身轴线编号和详图符号。

②采用分层文字说明的方法来表示楼面、屋面、地面的构造。

③表示各层梁、楼板的位置及与墙身的关系。

④表示檐口部分，如女儿墙的构造、防水及排水构造。

⑤表示窗台、窗过梁（或圈梁）的构造情况。

⑥表示勒脚部分如房屋外墙的防潮、防水和排水的做法。外墙身的防潮层，通常在室

内底层地面下 60mm 左右处。外墙面下部有厚为 30mm 的 1∶3 水泥砂浆, 层面为褐色水刷石的勒脚。在墙根处有坡度为 5% 的散水。

⑦标出各部位的标高、高度方向及墙身细部的大小尺寸。

⑧用文字说明各装饰内、外表面的厚度及所用的材料。

2) 外墙身详图阅读时应注意的问题:

①±0.000 或防潮层以下的砖墙以结构基础图作为施工依据, 看墙身剖面图时, 要与基础图配合, 并注意 ±0.000 处的搭接关系以及防潮层的做法。

②地面、屋面、散水、勒脚等的做法、尺寸应和材料做法对照。

③要注意建筑标高和结构标高的关系。建筑标高一般指的是地面或楼面装修完成后上表面的标高, 结构标高主要指结构构件的下皮或上皮标高。在预制楼板结构楼层剖面图中, 通常只注明楼板的下皮标高。在建筑墙身剖面图中只注明建筑标高。

(3) 楼梯详图识读。楼梯是房屋中比较复杂的构造, 目前大多采用预制或现浇钢筋混凝土结构。楼梯由楼梯段、休息平台和栏板 (或栏杆) 等组成。

楼梯详图一般包括剖面图、平面图及踏步栏杆详图等。它们主要表示出楼梯的形式, 踏步、平台、栏杆的构造、尺寸、材料和做法。楼梯详图分为建筑详图与结构详图两类, 并分别绘制。对于比较简单的楼梯, 建筑详图和结构详图可合并绘制, 编入建筑施工图和结构施工图。

1) 楼梯平面图。一般每一层楼都要画一张楼梯平面图。三层以上的房屋, 如果中间各层的楼梯位置及梯段数、踏步数和大小相同时, 一般只画底层、中间层和顶层三个平面图。

楼梯平面图其实是各层楼梯的水平剖面图, 水平剖切位置应该在每层上行第一梯段及其门窗洞口的任一位置处。各层 (除顶层外) 被剖到的梯段, 均应在平面图中以一根 45°折断线表示。

在各层楼梯平面图中应标出该楼梯间的轴线及编号, 用以确定其在建筑平面图中的位置, 底层楼梯平面图还应注明楼梯剖面图的剖切符号。

平面图中应标注出楼梯间的开间和进深尺寸、楼地面和平台面的标高及各细部的详细尺寸。通常把梯段长度尺寸与踏面数、踏面宽的尺寸合写在一起。

2) 楼梯剖面图。假设用一铅垂平面通过各层的一个梯段和门窗洞将楼梯剖开, 向另一未剖到的梯段方向投影, 所得到的剖面图即为楼梯剖面图。楼梯剖面图表示出房屋的层数, 楼梯梯段数, 步数以及楼梯形式, 楼地面、平台的构造及与墙身的连接等。

如果楼梯间的屋面没有特殊之处, 通常可不画。

楼梯剖面图中还应标出地面、平台面、楼面等处的标高和梯段、楼层、门窗洞口的高度尺寸。楼梯高度尺寸标注法与平面图梯段长度标注法相同。如 10 × 140 = 1400, 10 为步级数, 表示该梯段为 10 级, 140 为踏步高度。

楼梯剖面图中也要标注承重结构的定位轴线及编号, 对需画详图的部位标注出详图索引符号。

3) 节点详图。楼梯节点详图主要表示栏杆、扶手和踏步的细部构造。

**12. 结构施工图识读**

(1) 基础结构图识读。基础结构图又称基础图, 是表示建筑物室内地面 (±0.000)

以下基础部分的平面布置和构造的图样，主要供放灰线、基槽（基坑）挖土及基础施工时用，包括基础平面图、基础详图和文字说明等。

1）基础平面图。

①基础平面图的形成。基础平面图是指假想用一个水平剖切面在地面附近将整幢房屋剖切后，向下投影所得到的剖面图（不考虑覆盖在基础上的泥土）。

基础平面图主要表示基础的平面位置，以及基础与墙、柱轴线的相对关系。在基础平面图中，被剖切到的基础墙轮廓要用粗实线表示。基础底部的轮廓线要用细实线表示。基础的细部构造不用画出。它们将详尽地表达在基础详图上。图中的材料图例可与建筑平面图画法一致。

在基础平面图中，必须标注出与建筑平面图一致的轴间尺寸。此外，还应注出基础的宽度尺寸和定位尺寸。宽度尺寸包括基础墙宽和大放脚宽，定位尺寸包括基础墙、大放脚与轴线的联系尺寸。

②基础平面图的内容。基础平面图主要由图名、比例，纵横定位线及编号（必须与建筑平面图中的轴线一致），基础的平面布置（即基础墙、柱及基础底面的形状、大小及与轴线的关系），断面图的剖切符号，轴线尺寸、基础大小尺寸和定位尺寸，施工说明等组成。

2）基础详图。基础详图是指用放大的比例画出的基础局部构造图，它表示的是基础不同断面处的构造做法，详细尺寸和材料。基础详图的主要内容如下：

①轴线及编号。

②基础的断面形状，基础形式，材料及配筋情况。

③基础详细尺寸。它表示的是基础的各部分长宽高、基础埋深、垫层宽度和厚度等尺寸；主要部位标高，如室内外地坪及基础底面高等。

④防潮层的位置及做法。

（2）楼层结构平面图识读。楼层结构平面图是指假想沿着楼板面（结构层）把房屋剖开所做的水平投影图。它主要表示楼板、梁、柱、墙等结构的平面布置，现浇楼板、梁等的构造、配筋以及各构件间的连接关系。通常由平面图和详图所组成。

（3）屋顶结构平面图识读。屋顶结构平面图是表示屋顶承重构件布置的平面图，它的图示内容与楼层结构平面图基本一致。对于平屋顶，因屋面排水的需要，承重构件应按一定的坡度铺设，并设置天沟、上人孔、屋顶水箱等。

**13. 钢筋混凝土构件结构详图识读**

1）构件详图的图名及比例。

2）详图的定位轴线及编号。

3）阅读结构详图，也称配筋图。配筋图表明结构内部的配筋情况，一般由立面图和断面图构成。梁、柱的结构详图也由立面图和断面图构成，板的结构图通常只画平面图或断面图。

4）模板图是表示构件的外形或预埋件位置的详图。

5）构件构造尺寸、钢筋表。

# 3 常用的砌筑材料

## 3.1 砌体用砖

### 3.1.1 烧结普通砖

烧结普通砖是以黏土、煤矸石、页岩、粉煤灰为主要原料经成型、焙烧而成的（简称砖），如图3-1所示。

**1. 分类**

（1）类别。按主要原料分为黏土砖（N）、页岩砖（Y）、煤矸石砖（M）和粉煤灰砖（F）。

（2）等级。

1）根据抗压强度分为MU30、MU25、MU20、MU15、MU10五个强度等级。

2）强度、抗风化性能和放射性物质合格的砖，根据尺寸偏差、外观质量、泛霜和石灰爆裂分为优等品（A）、一等品（B）、合格品（C）三个质量等级。

图3-1 烧结普通砖

优等品适用于清水墙和装饰墙，一等品、合格品可用于混水墙。中等泛霜的砖不能用于潮湿部位。

（3）规格。砖的外形为直角六面体，其公称尺寸为：长240mm、宽115mm、高53mm。

（4）产品标记。砖的产品标记按产品名称、类别、强度等级、质量等级和标准编号顺序编写。

**2. 要求**

1）烧结普通砖的尺寸允许偏差应符合表3-1的规定。

表3-1 烧结普通砖的尺寸允许偏差（mm）

| 公称尺寸 | 优等品 | | 一等品 | | 合格品 | |
|---|---|---|---|---|---|---|
| | 样本平均偏差 | 样本极差 小于或等于 | 样本平均偏差 | 样本极差 小于或等于 | 样本平均偏差 | 样本极差 小于或等于 |
| 240 | ±2.0 | 6 | ±2.5 | 7 | ±3.0 | 8 |
| 115 | ±1.5 | 5 | ±2.0 | 6 | ±2.5 | 7 |
| 53 | ±1.5 | 4 | ±1.6 | 5 | ±2.0 | 6 |

2）烧结普通砖的外观质量应符合表3-2的规定。

**表3-2 烧结普通砖的外观质量（mm）**

| 项　　目 | | 优等品 | 一等品 | 合格品 |
|---|---|---|---|---|
| 两条面高度差，≤ | | 2 | 3 | 4 |
| 弯曲，≤ | | 2 | 3 | 4 |
| 杂质凸出高度，≤ | | 2 | 3 | 4 |
| 缺棱掉角的三个破坏尺寸，不得同时大于 | | 5 | 20 | 20 |
| 裂纹长度 | 1. 大面上宽度方向及其延伸至条面的长度，≤ | 30 | 60 | 80 |
| | 2. 大面上长度方向及其延伸至顶面的长度或条顶面上水平裂纹的长度，≤ | 50 | 80 | 100 |
| 完整面，不得少于 | | 二条面和二顶面 | 一条面和二顶面 | — |
| 颜色 | | 基本一致 | — | — |

注：1. 为装饰而施加的色差，凹凸纹、拉毛、压花等不算作缺陷。

　　2. 凡有下列缺陷之一者，不得称为完整面：

　　　1）缺损在条面或顶面上造成的破坏面尺寸同时大于10mm×10mm。

　　　2）条面或顶面上裂纹宽度大于1mm，其长度超过30mm。

　　　3）压陷、粘底、焦花在条面或顶面上的凹陷或凸出超过2mm，区域尺寸同时大于10mm×10mm。

3）烧结普通砖的强度等级应符合表3-3的规定。

**表3-3 烧结普通砖的强度等级（MPa）**

| 强度等级 | 抗压强度平均值 $\bar{f}$ ≥ | 变异系数 $\delta \leqslant 0.21$ | 变异系数 $\delta > 0.21$ |
|---|---|---|---|
| | | 强度标准值 $f_k$ ≥ | 单块最小抗压强度值 $f_{min}$ ≥ |
| MU30 | 30.0 | 22.0 | 25.0 |
| MU25 | 25.0 | 18.0 | 22.0 |
| MU20 | 20.0 | 14.0 | 16.0 |
| MU15 | 15.0 | 10.0 | 12.0 |
| MU10 | 10.0 | 6.5 | 7.5 |

4）烧结普通砖的抗风化性能。

①烧结普通砖的风化区的划分见表3-4。

表 3 – 4　烧结普通砖的风化区划分

| 严重风化区 | 非严重风化区 |
|---|---|
| 黑龙江省<br>吉林省<br>辽宁省<br>内蒙古自治区<br>新疆维吾尔自治区<br>宁夏回族自治区<br>甘肃省<br>青海省<br>陕西省<br>山西省<br>河北省<br>北京市<br>天津市 | 山东省<br>河南省<br>安徽省<br>江苏省<br>湖北省<br>江西省<br>浙江省<br>四川省<br>贵州省<br>湖南省<br>福建省<br>台湾地区<br>广东省<br>广西壮族自治区<br>海南省<br>云南省<br>西藏自治区<br>上海市<br>重庆市<br>香港特别行政区<br>澳门特别行政区 |

②严重风化区中的前五个地区的砖必须进行冻融试验，其他地区砖的抗风化性能符合表 3 – 5 规定时可不做冻融试验，否则，必须进行冻融试验。

表 3 – 5　烧结普通砖的抗风化性能

| 砖种类 | 严重风化区 | | | | 非严重风化区 | | | |
|---|---|---|---|---|---|---|---|---|
| | 5h 沸煮吸水率（%）≤ | | 饱和系数≤ | | 5h 沸煮吸水率（%）≤ | | 饱和系数≤ | |
| | 平均值 | 单块最大值 | 平均值 | 单块最大值 | 平均值 | 单块最大值 | 平均值 | 单块最大值 |
| 黏土砖 | 18 | 20 | 0.85 | 0.87 | 19 | 20 | 0.88 | 0.90 |
| 粉煤灰砖① | 21 | 23 | | | 23 | 25 | | |
| 页岩砖<br>煤矸石砖 | 16 | 18 | 0.74 | 0.77 | 18 | 20 | 0.78 | 0.80 |

注：①粉煤灰掺入量（体积比）小于 30% 时，按黏土砖规定判定。

③冻融试验后，每块砖样不允许出现裂纹、分层、掉皮、缺棱、掉角等冻坏现象；质量损失不得大于 2%。

5）泛霜。每块砖样应符合下列规定：优等品无泛霜，一等品不允许出现中等泛霜，合格品不允许出现严重泛霜。

6）石灰爆裂。

①优等品。不允许出现最大破坏尺寸大于 2mm 的爆裂区域。

②一等品。最大破坏尺寸大于 2mm、小于或等于 10mm 的爆裂区域，每组砖样不得多于 15 处。不允许出现最大破坏尺寸大于 10mm 的爆裂区域。

③合格品。最大破坏尺寸大于 2mm、小于或等于 15mm 的爆裂区域，每组砖样不得多于 15 处。其中大于 10mm 的不得多于 7 处。不允许出现最大破坏尺寸大于 15mm 的爆裂区域。

7）产品中不允许有欠火砖、酥砖和螺旋纹砖。

8）放射性物质应符合《建筑材料放射性核素限量》GB 6566—2010 的规定。

## 3.1.2 烧结多孔砖和多孔砌块

烧结多孔砖和多孔砌块是以黏土、煤矸石、页岩、粉煤灰为主要原料，经焙烧而成主要用于承重部位的多孔砖（简称砖）和多孔砌块，如图 3-2 所示。

图 3-2 烧结多孔砖

**1. 产品分类、规格、等级和标记**

（1）产品分类。按主要原料分为黏土砖和黏土砌块（N）、页岩砖和页岩砌块（Y），煤矸石砖和煤矸石砌块（M）、粉煤灰砖和粉煤灰砌块（F）、淤泥砖和淤泥砌块（U）、固体废弃物砖和固体废弃物砌块（G）。

（2）规格。砖和砌块的长度、宽度、高度尺寸应符合下列要求：

砖规格尺寸（mm）：290、240、190、180、140、115、90。

砌块规格尺寸（mm）：490、440、390、340、290、240、190、180、140、115、90。

其他规格尺寸由供需双方协商确定。

（3）等级。

1）根据抗压强度分为 MU30、MU25、MU20、NU15 及 MU10 五个强度等级。

2）砖的密度等级分为 1000、1100、1200、1300 四个等级。

砌块的密度等级分为 900、1000、1100、1200 四个等级。

（4）产品标记。砖和砌块的产品标记按产品名称、品种、规格、强度等级、密度等级和标准编号顺序编写。

**2. 技术要求**

1）烧结多孔砖和多孔砌块的尺寸允许偏差应符合表3-6的规定。

表3-6 烧结多孔砖和多孔砌块的尺寸允许偏差（mm）

| 尺 寸 | 样本平均偏差 | 样本极差≤ |
|---|---|---|
| >400 | ±3.0 | 10.0 |
| 300~400 | ±2.5 | 9.0 |
| 200~300 | ±2.5 | 8.0 |
| 100~200 | ±2.0 | 7.0 |
| <100 | ±1.5 | 6.0 |

2）烧结多孔砖和多孔砌块的外观质量应符合表3-7的规定。

表3-7 烧结多孔砖和多孔砌块的外观质量（mm）

| 项 目 | 指标 |
|---|---|
| 1. 完整面，不得少于 | 一条面和一顶面 |
| 2. 缺棱掉角的三个破坏尺寸，不得同时大于 | 30 |
| 3. 裂纹长度<br>①大面（有孔面）上深入孔壁15mm以上宽度方向及其延伸到条面的长度，不大于<br>②大面（有孔面）上深入孔壁15mm以上长度方向及其延伸到顶面的长度，不大于<br>③条顶面上的水平裂纹，不大于 | 80<br>100<br>100 |
| 4. 杂质在砖或砌块面上造成的凸出高度，不大于 | 5 |

注：凡有下列缺陷之一者，不能称为完整面：

1. 缺损在条面或顶面上造成的破坏面尺寸同时大于20mm×30mm。
2. 条面或顶面上裂纹宽度大于1mm，其长度超过70mm。
3. 压陷、焦花、粘底在条面或顶面上的凹陷或凸出超过2mm，区域最大投影尺寸同时大于20mm×30mm。

3）烧结多孔砖和多孔砌块的密度等级应符合表3-8的规定。

表3-8 烧结多孔砖和多孔砌块的密度等级（kg/m³）

| 密 度 等 级 | | 3块砖或砌块干燥表观密度平均值 |
|---|---|---|
| 砖 | 砌块 | |
| — | 900 | ≤900 |
| 1000 | 1000 | 900~1000 |
| 1100 | 1100 | 1000~1100 |
| 1200 | 1200 | 1100~1200 |
| 1300 | — | 1200~1300 |

4）烧结多孔砖和多孔砌块的强度等级应符合表 3 – 9 的规定。

表 3 – 9　烧结多孔砖和多孔砌块的强度等级 （MPa）

| 强度等级 | 抗压强度平均值 $\overline{f}\geqslant$ | 强度标准值 $f_k\geqslant$ |
|---|---|---|
| MU30 | 30.0 | 22.0 |
| MU25 | 25.0 | 18.0 |
| MU20 | 20.0 | 14.0 |
| MU15 | 15.0 | 10.0 |
| MU10 | 10.0 | 6.5 |

5）烧结多孔砖和多孔砌块的孔型孔结构及孔洞率应符合表 3 – 10 的规定。

表 3 – 10　烧结多孔砖和多孔砌块的孔型结构及孔洞率

| 孔型 | 孔洞尺寸（mm） | | 最小外壁厚（mm） | 最小肋厚（mm） | 孔洞率（%） | | 孔洞排列 |
|---|---|---|---|---|---|---|---|
| | 孔宽度尺寸 $b$ | 孔长度尺寸 $L$ | | | 砖 | 砌块 | |
| 短型条孔或矩形孔 | ≤13 | ≤40 | ≥12 | ≥5 | ≥28 | ≥33 | 1. 所有孔宽应相等。孔采用单向或双向交错排列 2. 孔洞排列上下、左右应对称，分布均匀，手抓孔的长度方向尺寸必须平行于砖的条面 |

注：1. 矩形孔的孔长 $L$、孔宽 $b$ 满足式 $L\geqslant 3b$ 时，为矩形条孔。
　　2. 孔四个角应做成过渡圆角，不得做成直尖角。
　　3. 如设有砌筑砂浆槽，则砌筑砂浆槽不计算在孔洞率内。
　　4. 规格大的砖和砌块应设置手抓孔，手抓孔尺寸为（30~40）mm ×（75~85）mm。

6）每块砖或砌块不允许出现严重泛霜。

7）石灰爆裂。

①破坏尺寸大于 2mm 且小于或等于 15mm 的爆裂区域，每组砖和砌块不得多于 15 处。其中大于 10mm 的不得多于 7 处。

②不允许出现破坏尺寸大于 15mm 的爆裂区域。

8）烧结多孔砖和多孔砌块的抗风化性能。

①风化区的划分见表 3 – 11。

表 3 – 11　风化区划分

| 严重风化区 | 非严重风化区 |
|---|---|
| 1. 黑龙江省 | 1. 山东省 |
| 2. 吉林省 | 2. 河南省 |
| 3. 辽宁省 | 3. 安徽省 |

续表 3 – 11

| 严重风化区 | 非严重风化区 |
|---|---|
| 4. 内蒙古自治区<br>5. 新疆维吾尔自治区<br>6. 宁夏回族自治区<br>7. 甘肃省<br>8. 青海省<br>9. 陕西省<br>10. 山西省<br>11. 河北省<br>12. 北京市<br>13. 天津市 | 4. 江苏省<br>5. 湖北省<br>6. 江西省<br>7. 浙江省<br>8. 四川省<br>9. 贵州省<br>10. 湖南省<br>11. 福建省<br>12. 台湾地区<br>13. 广东省<br>14. 广西壮族自治区<br>15. 海南省<br>16. 云南省<br>17. 西藏自治区<br>18. 上海市<br>19. 重庆市 |

②严重风化区中的 1、2、3、4、5 地区的砖、砌块和其他地区以淤泥、固体废弃物为主要原料生产的砖和砌块必须进行冻融试验；其他地区以黏土、粉煤灰、页岩、煤矸石为主要原料生产的砖和砌块的抗风化性能符合表 3 – 12 规定时可不做冻融试验，否则必须进行冻融试验。

表 3 – 12　砖和砌块的抗风化性能

| 砖种类 | 严重风化区 | | | | 非严重风化区 | | | |
|---|---|---|---|---|---|---|---|---|
| | 5h 沸煮<br>吸水率（%）≤ | | 饱和系数≤ | | 5h 沸煮<br>吸水率（%）≤ | | 饱和系数≤ | |
| | 平均值 | 单块最大值 | 平均值 | 单块最大值 | 平均值 | 单块最大值 | 平均值 | 单块最大值 |
| 黏土砖和砌块 | 21 | 23 | 0.85 | 0.87 | 23 | 25 | 0.88 | 0.90 |
| 粉煤灰砖和砌块 | 23 | 25 | | | 30 | 32 | | |
| 页岩砖和砌块 | 16 | 18 | 0.74 | 0.77 | 18 | 20 | 0.78 | 0.80 |
| 煤矸石砖和砌块 | 19 | 21 | | | 21 | 23 | | |

注：粉煤灰掺入量（质量比）小于 30% 时按黏土砖和砌块规定判定。

③15 次冻融循环试验后，每块砖和砌块不允许出现裂纹、分层、掉皮、缺棱掉角等冻坏现象。

9) 产品中不允许有欠火砖（砌块）、酥砖（砌块）。

10) 砖和砌块的放射性核素限量应符合《建筑材料放射性核素限量》GB 6566—2010 的规定。

### 3.1.3 烧结空心砖和空心砌块

烧结空心砖和空心砌块是以黏土、煤矸石、页岩、粉煤灰为主要原料，经成型、焙烧而成。主要用于建筑物非承重部位的空心砖与空心砌块（简称砖和砌块），如图 3 - 3 所示。

**1. 产品类别、规格、等级和标记**

（1）类别。按主要原料分为黏土空心砖和空心砌块（N）、页岩空心砖和空心砌块（Y）、煤矸石空心砖和空心砌块（M）、粉煤灰空心砖和空心砌块（F）、淤泥空心砖和空心砌块（U）、建筑渣土空心

图 3 - 3　烧结空心砖

砖和空心砌块（Z）、其他固体废弃物空心砖和空心砌块（G）。

（2）规格。空心砖和空心砌块的外形为直角六面体。长度、宽度、高度尺寸（mm）应符合下列要求：

长度规格尺寸：390，290，240，190，180（175），140。

宽度规格尺寸：190，180（175），140，115。

高度规格尺寸：180（175），140，115，90。

其他规格尺寸由供需双方协商来确定。

（3）等级。

1) 按抗压强度分为 MU10.0、MU7.5、MU5.0、MU3.5。

2) 按体积密度分为 800 级、900 级、1000 级、1100 级。

（4）产品标记。空心砖和空心砌块的产品标记按产品名称、类别、规格（长度×宽度×高度）、密度等级、强度等级和标准编号顺序编写。

**2. 技术要求**

1) 空心砖和空心砌块尺寸允许偏差应符合表 3 - 13 的规定。

表 3 - 13　空心砖和空心砌块尺寸允许偏差（mm）

| 尺　寸 | 样本平均偏差 | 样本极差≤ |
|---|---|---|
| >300 | ±3.0 | 7.0 |
| 200 ~ 300 | ±2.5 | 6.0 |
| 100 ~ 200 | ±2.0 | 5.0 |
| <100 | ±1.7 | 4.0 |

2）空心砖和空心砌块的外观质量应符合表 3 – 14 的规定。

**表 3 – 14　空心砖和空心砌块外观质量（mm）**

| 项　目 | 指标 |
|---|---|
| 1. 弯曲，不大于 | 4 |
| 2. 缺棱掉角的三个破坏尺寸，不得同时大于 | 30 |
| 3. 垂直度差，不大于 | 4 |
| 4. 未贯穿裂纹长度<br>1）大面上宽度方向及其延伸到条面的长度，不大于<br>2）大面上长度方向或条面上水平面方向的长度，不大于 | 100<br>120 |
| 5. 贯穿裂纹长度<br>1）大面上宽度方向及其延伸到条面的长度，不大于<br>2）壁、肋沿长度方向、宽度方向及其水平方向的长度，不大于 | 40<br>40 |
| 6. 肋、壁内残缺长度，不大于 | 40 |
| 7. 完整面①，不少于 | 一条面或一大面 |

注：①凡有下列缺陷之一者，不能称为完整面：
　　a. 缺损在大面、条面上造成的破坏面尺寸同时大于 20mm × 30mm。
　　b. 大面、条面上裂纹宽度大于 1mm，其长度超过 70mm。
　　c. 压缩、粘底、焦花在大面、条面上的凹陷或凸出超过 2mm，区域尺寸同时大于 20mm × 30mm。

3）空心砖和空心砌块强度等级应符合表 3 – 15 的规定。
4）空心砖和空心砌块密度等级应符合表 3 – 16 的规定。

**表 3 – 15　空心砖和空心砌块强度等级**

| 强度等级 | 抗压强度平均值 $\overline{f}$ ≥ | 变异系数 $\delta \leq 0.21$<br>强度标准值 $f_k$ ≥ | 变异系数 $\delta > 0.21$<br>单块最小抗压强度值 $f_{min}$ ≥ |
|---|---|---|---|
| MU10.0 | 10.0 | 7.0 | 8.0 |
| MU7.5 | 7.5 | 5.0 | 5.8 |
| MU5.0 | 5.0 | 3.5 | 4.0 |
| MU3.5 | 3.5 | 2.5 | 2.8 |

表 3 – 16    空心砖和空心砌块密度等级（kg/m³）

| 密 度 等 级 | 五块体积密度平均值 |
|---|---|
| 800 | ≤800 |
| 900 | 801 ~ 900 |
| 1000 | 901 ~ 1000 |
| 1100 | 1001 ~ 1100 |

5）空心砖和空心砌块孔洞排列及其结构

①空心砖和空心砌块孔洞排列及其结构应符合表 3 – 17 的规定。

表 3 – 17    空心砖和空心砌块孔洞排列及其结构

| 孔洞排列 | 孔洞排数（排） | | 孔洞率（%） | 孔型 |
|---|---|---|---|---|
| | 宽度方向 | 高度方向 | | |
| 有序或交错排列 | $b \geqslant 200mm$，≥4<br>$b < 200mm$，≥3 | ≥2 | ≥40 | 矩形孔 |

②在空心砖和空心砌块的外壁内侧宜设置有序排列的宽度或直径不大于 10mm 的壁孔，壁孔的孔型可为圆孔或矩形孔。

6）每块空心砖和空心砌块不允许出现严重泛霜。

7）石灰爆裂。每组空心砖和空心砌块应符合下列规定：

①最大破坏尺寸大于 2mm 且小于或等于 15mm 的爆裂区域，每组空心砖和空心砌块不得多于 10 处。其中大于 10mm 的不得多于 5 处。

②不允许出现最大破坏尺寸大于 15mm 的爆裂区域。

8）空心砖和空心砌块抗风化性能。

①风化区的划分见表 3 – 18。

表 3 – 18    风化区划分

| 严重风化区 | 非严重风化区 |
|---|---|
| 1．黑龙江省 | 1．山东省 |
| 2．吉林省 | 2．河南省 |
| 3．辽宁省 | 3．安徽省 |
| 4．内蒙古自治区 | 4．江苏省 |
| 5．新疆维吾尔自治区 | 5．湖北省 |
| 6．宁夏回族自治区 | 6．江西省 |
| 7．甘肃省 | 7．浙江省 |
| 8．青海省 | 8．四川省 |

续表 3 –18

| 严重风化区 | 非严重风化区 |
|---|---|
| 9. 陕西省<br>10. 山西省<br>11. 河北省<br>12. 北京市<br>13. 天津市 | 9. 贵州省<br>10. 湖南省<br>11. 福建省<br>12. 台湾地区<br>13. 广东省<br>14. 广西壮族自治区<br>15. 海南省<br>16. 云南省<br>17. 西藏自治区<br>18. 上海市<br>19. 重庆市<br>20. 香港特别行政区<br>21. 澳门特别行政区 |

②严重风化区中的 1、2、3、4、5 地区的空心砖和空心砌块应进行冻融试验，其他地区空心砖和空心砌块的抗风化性能符合表 3 –19 规定时可不做冻融试验，否则必须进行冻融试验。

表 3 –19　空心砖和空心砌块的抗风化性能

| 砖种类 | 严重风化区 | | | | 非严重风化区 | | | |
|---|---|---|---|---|---|---|---|---|
| | 5h 沸煮吸水率（%）≤ | | 饱和系数≤ | | 5h 沸煮吸水率（%）≤ | | 饱和系数≤ | |
| | 平均值 | 单块最大值 | 平均值 | 单块最大值 | 平均值 | 单块最大值 | 平均值 | 单块最大值 |
| 黏土砖和砌块 | 21 | 23 | 0.85 | 0.87 | 23 | 25 | 0.88 | 0.90 |
| 粉煤灰砖和砌块 | 23 | 25 | | | 30 | 32 | | |
| 页岩砖和砌块 | 16 | 18 | 0.74 | 0.77 | 18 | 20 | 0.78 | 0.80 |
| 煤矸石砖和砌块 | 19 | 21 | | | 21 | 23 | | |

注：1. 粉煤灰掺入量（质量比）小于 30% 时按黏土空心砖和空心砌块规定判定。
　　2. 淤泥、建筑渣土及其他固体废弃物掺入量（质量分数）小于 30% 时按相应产品类别规定判定。

③冻融循环 15 次试验后，每块空心砖和空心砌块不允许出现分层、掉皮、缺棱掉角等冻坏现象；冻后裂纹长度不大于表 3 –14 中第 4 项、第 5 项的规定。

9）产品中不允许有欠火砖（砌块）、酥砖（砌块）。

10）放射性核素限量应符合《建筑材料放射性核素限量》GB 6566—2010 的规定。

## 3.1.4　蒸压灰砂砖

蒸压灰砂砖是以石灰和砂为主要原料，允许掺入颜料和外加剂，经坯料制备、压制成型及蒸压养护而成的实心砖,如图 3-4 所示。

**1. 分类**

1) 按灰砂砖的颜色分为彩色的(Co)与本色的(N)两类。

2) 规格。砖的外形为直角六面体。公称尺寸为:长度 240mm,宽度 115mm,高度 53mm。生产其他规格尺寸产品,由用户与生产厂协商来确定。

3) 等级。

**图 3-4 蒸压灰砂砖**

①根据抗压强度和抗折强度分为 MU25、MU20、MU15 及 MU10 四级。

②根据尺寸偏差和外观质量、强度及抗冻性分为优等品(A)、一等品(B)与合格品(C)三种。

4) 产品标记。灰砂砖产品标记采用产品名称(LSB)、颜色、强度级别、产品等级、标准编号的顺序进行。

5) 用途。

①MU15、MU20、MU25 的砖可用于基础及其他建筑,MU10 的砖仅可用于防潮层以上的建筑。

②灰砂砖不得用于长期受热 200℃ 以上、受急冷急热和有酸性介质侵蚀的建筑部位。

**2. 技术要求**

1) 蒸压灰砂砖尺寸偏差和外观应符合表 3-20 的规定。

**表 3-20 蒸压灰砂砖尺寸偏差和外观**

| 项目 | | | 指标 | | |
|---|---|---|---|---|---|
| | | | 优等品 | 一等品 | 合格品 |
| 尺寸允许偏差(mm) | 长度 | $L$ | ±2 | ±2 | ±3 |
| | 宽度 | $B$ | ±2 | | |
| | 高度 | $H$ | ±1 | | |
| 缺棱掉角 | 个数(个),不多于 | | 1 | 1 | 2 |
| | 最大尺寸(mm),≤ | | 10 | 15 | 20 |
| | 最小尺寸(mm),≤ | | 5 | 10 | 10 |
| 对应高度差(mm),≤ | | | 1 | 2 | 3 |
| 裂纹 | 条数,不多于(条) | | 1 | 1 | 2 |
| | 大面上宽度方向及其延伸到条面的长度(mm),≤ | | 20 | 50 | 70 |
| | 大面上长度方向及其延伸到顶面上的长度或条、顶面水平裂纹的长度(mm),≤ | | 30 | 70 | 100 |

2）颜色应基本一致，无明显色差，但对本色灰砂砖不作规定。

3）蒸压灰砂砖的抗压强度和抗折强度应符合表 3 –21 的规定。

表 3 –21　蒸压灰砂砖的力学性能　（MPa）

| 强度等级 | 抗压强度 | | 抗折强度 | |
|---|---|---|---|---|
| | 平均值≥ | 单块值≥ | 平均值≥ | 单块值≥ |
| MU25 | 25.0 | 20.0 | 5.0 | 4.0 |
| MU20 | 20.0 | 16.0 | 4.0 | 3.2 |
| MU15 | 15.0 | 12.0 | 3.3 | 2.6 |
| MU10 | 10.0 | 8.0 | 2.5 | 2.0 |

注：优等品的强度级别不得小于 MU15。

4）蒸压灰砂砖的抗冻性应符合表 3 –22 的规定。

表 3 –22　蒸压灰砂砖的抗冻性指标

| 强度等级 | 冻后抗压强度/（MPa）（平均值，≥） | 单块砖的干质量损失（%），≤ |
|---|---|---|
| MU25 | 20.0 | 2.0 |
| MU20 | 16.0 | 2.0 |
| MU15 | 12.0 | 2.0 |
| MU10 | 8.0 | 2.0 |

注：优等品的强度级别不得小于 MU15。

## 3.1.5　蒸压粉煤灰砖

蒸压粉煤灰砖是以粉煤灰、生石灰为主要原料，可掺加适量石膏等外加剂和其他骨料，经坯料制备、压制成型、高压蒸汽养护而制成的砖，如图 3 –5 所示。

（1）规格、等级和标记。

1）规格。砖的外形为直角六面体。公称尺寸为：长度 240mm、宽度 115mm、高度 53mm。其他规格尺寸由供需双方协商后确定。

2）等级。按强度分为 MU10、MU15、MU20、MU25 及 MU30 五个等级。

3）标记。砖按产品代号（AFB）、规格尺寸、强度等级、标准编号的顺序进行标记。

（2）技术要求。

1）蒸压粉煤灰砖的外观质量和尺寸偏差应符合表 3 –23 的规定。

图 3 –5　蒸压粉煤灰砖

表 3 – 23　蒸压粉煤灰砖的外观质量和尺寸偏差

| 项 目 名 称 | | | 技术指标 |
|---|---|---|---|
| 外观质量 | 缺棱掉角 | 个数（个） | ≤2 |
| | | 三个方向投影尺寸的最大值（mm） | ≤15 |
| | 裂纹 | 裂纹延伸的投影尺寸累计（mm） | ≤20 |
| | 层裂 | | 不允许 |
| 尺寸偏差 | 长度（mm） | | +2<br>-1 |
| | 宽度（mm） | | ±2 |
| | 高度（mm） | | +2<br>-1 |

2）蒸压粉煤灰砖的强度等级应符合表 3 – 24 的规定。

表 3 – 24　蒸压粉煤灰砖的强度等级（MPa）

| 强度等级 | 抗压强度 | | 抗折强度 | |
|---|---|---|---|---|
| | 平均值 | 单块最小值 | 平均值 | 单块最小值 |
| MU10 | ≥10.0 | ≥8.0 | ≥2.5 | ≥2.0 |
| MU15 | ≥15.0 | ≥12.0 | ≥3.7 | ≥3.0 |
| MU20 | ≥20.0 | ≥16.0 | ≥4.0 | ≥3.2 |
| MU25 | ≥25.0 | ≥20.0 | ≥4.5 | ≥3.6 |
| MU30 | ≥30.0 | ≥24.0 | ≥4.8 | ≥3.8 |

3）蒸压粉煤灰砖的抗冻性应符合表 3 – 25 的规定，使用条件应符合《民用建筑热工设计规范》GB 50176—1993 的规定。

表 3 – 25　蒸压粉煤灰砖的抗冻性

| 使用地区 | 抗冻指标 | 质量损失率 | 抗压强度损失率 |
|---|---|---|---|
| 夏热冬暖地区 | D15 | ≤5% | ≤25% |
| 夏热冬冷地区 | D25 | | |
| 寒冷地区 | D35 | | |
| 严寒地区 | D50 | | |

4）线性干燥收缩值应不大于 0.50mm/m。

5）碳化系数应不小于 0.85。

6）吸水率应不大于 20%。

7）放射性核素限量应符合《建筑材料放射性核素限量》GB 6566—2010 的规定。

### 3.1.6 炉渣砖

**1. 分类**

按抗压强度分为 MU25、MU20、MU15 三个等级。

（1）产品规格。

1）砖的外形为直角六面体。

2）砖的公称尺寸为：长度 240mm，宽度 115mm，高度 53mm。其他规格尺寸由供需双方协商确定。

（2）产品标记。按产品名称（LZ）、强度等级以及标准编号顺序进行编写。

**2. 技术要求**

1）炉渣砖尺寸允许偏差应符合表 3 – 26 的规定。

表 3 – 26　炉渣砖尺寸允许偏差（mm）

| 项 目 名 称 | 合 格 品 |
|---|---|
| 长度 | ±2.0 |
| 宽度 | ±2.0 |
| 高度 | ±2.0 |

2）炉渣砖外观质量应符合表 3 – 27 的规定。

表 3 – 27　炉渣砖的外观质量（mm）

| 项 目 名 称 | | 合 格 品 |
|---|---|---|
| 弯曲 | | 不大于 2.0 |
| 缺棱掉角 | 个数（个） | ≤1 |
| | 三个方向投影尺寸的最小值 | ≤10 |
| 完整面 | | 不少于一条面和一顶面 |
| 裂缝长度<br>1. 大面上宽度方向及其延伸到条面的长度<br>2. 大面上长度方向及其延伸到顶面上的长度或条、顶面水平裂纹的长度 | | 不大于 30<br>不大于 50 |
| 层裂 | | 不允许 |
| 颜色 | | 基本一致 |

3）炉渣砖的强度应符合表 3 - 28 的规定。

**表 3 - 28　炉渣砖的强度等级（MPa）**

| 强度等级 | 抗压强度平均值 $\overline{f} \geqslant$ | 变异系数 $\delta \leqslant 0.21$ | 变异系数 $\delta > 0.21$ |
|---|---|---|---|
| | | 强度标准值 $f_k \geqslant$ | 单块最小抗压强度值 $f_{min} \geqslant$ |
| MU25 | 25.0 | 19.0 | 22.0 |
| MU20 | 20.0 | 14.0 | 16.0 |
| MU15 | 15.0 | 10.0 | 12.0 |

4）炉渣砖的抗冻性应符合表 3 - 29 的规定。

**表 3 - 29　炉渣砖的抗冻性**

| 强度等级 | 冻后抗压强度（MPa）平均值不小于 | 单块砖的干质量损失（％）不大于 |
|---|---|---|
| MU25 | 22.0 | 2.0 |
| MU20 | 16.0 | 2.0 |
| MU15 | 12.0 | 2.0 |

5）炉渣砖的碳化性能应符合表 3 - 30 的规定。

**表 3 - 30　炉渣砖的碳化性能**

| 强度等级 | 碳化后强度（MPa）平均值不小于 |
|---|---|
| MU25 | 22.0 |
| MU20 | 16.0 |
| MU15 | 12.0 |

6）炉渣砖的干燥收缩率应不大于 0.06%。

7）炉渣砖的耐火极限不小于 2.0h。

8）用于清水墙的炉渣砖，其抗渗性应满足表 3 - 31 的规定。

**表 3 - 31　炉渣砖的抗渗性（mm）**

| 项目名称 | 指　　标 |
|---|---|
| 水面下降高度 | 三块中任一块不大于 10 |

9）放射性应符合《建筑材料放射性核素限量》GB 6566—2010 的规定。

## 3.2　砌体工程用小型砌块

### 3.2.1　普通混凝土小型砌块

图 3-6　普通混凝土小型空心砌块

普通混凝土小型砌块是以水泥、矿物掺合料、砂、石、水等为原材料，经搅拌、振动成型、养护等工艺制成的小型砌块，如图 3-6 所示，包括空心砌块和实心砌块。

**1. 规格、种类、等级和标记**

（1）规格。砌块的外形宜为直角六面体，常用块型的规格尺寸见表 3-32。

表 3-32　砌块的规格尺寸（mm）

| 长　度 | 宽　度 | 高　度 |
|---|---|---|
| 390 | 90、120、140、190、240、290 | 90、140、190 |

注：其他规格尺寸可由供需双方协商确定。采用薄灰缝砌筑的块型，相关尺寸可作相应调整。

（2）种类。

1）砌块按空心率分为空心砌块（空心率不小于 25%，代号：H）和实心砌块（空心率小于 25%，代号：S）。

2）砌块按使用时砌筑墙体的结构和受力情况，分为承重结构用砌块（代号：L。简称承重砌块）、非承重结构用砌块（代号：N。简称非承重砌块）。

3）常用的辅助砌块代号分别为：半块——50，七分头块——70，圈梁块——U，清扫孔块——W。

（3）等级。按砌块的抗压强度分级，见表 3-33。

表 3-33　砌块的强度等级（MPa）

| 砌块种类 | 承重砌块（L） | 非承重砌块（N） |
|---|---|---|
| 空心砌块（H） | 7.5、10.0、15.0、20.0、25.0 | 5.0、7.5、10.0 |
| 实心砌块（S） | 15.0、20.0、25.0、30.0、35.0、40.0 | 10.0、15.0、20.0 |

（4）标记。砌块标记顺序为：砌块种类、规格尺寸、强度等级（MU）、标准代号。

**2. 技术要求**

1）砌块的尺寸允许偏差应符合表 3-34 的规定。对于薄灰缝砌块，其高度允许偏差应控制在 +1mm、-2mm。

**表 3 - 34　尺寸允许偏差（mm）**

| 项 目 名 称 | 技 术 指 标 |
|---|---|
| 长度 | ±2 |
| 宽度 | ±2 |
| 高度 | +3、-2 |

注：免浆砌块的尺寸允许偏差应由企业根据块型特点自行给出，尺寸偏差不应影响垒砌和墙片性能。

2）砌块的外观质量应符合表 3 - 35 的规定。

**表 3 - 35　外观质量**

| 项 目 名 称 | | 技 术 指 标 |
|---|---|---|
| 弯曲，不大于 | | 2mm |
| 缺棱掉角 | 个数，不超过 | 1 个 |
| | 三个方向投影尺寸的最大值，不大于 | 20mm |
| 裂纹延伸的投影尺寸累计，不大于 | | 30mm |

3）空心砌块（H）的空心率应不小于25%，实心砌块（S）的空心率应小于25%。

4）外壁和肋厚。

①承重空心砌块的最小外壁厚应不小于30mm，最小肋厚应不小于25mm。

②非承重空心砌块的最小外壁厚和最小肋厚应不小于20mm。

5）砌块的强度等级应符合表 3 - 36 的规定。

**表 3 - 36　强度等级（MPa）**

| 强度等级 | 抗 压 强 度 | |
|---|---|---|
| | 平均值≥ | 单块最小值≥ |
| MU5.0 | 5.0 | 4.0 |
| MU7.5 | 7.5 | 6.0 |
| MU10 | 10.0 | 8.0 |
| MU15 | 15.0 | 12.0 |
| MU20 | 20.0 | 16.0 |
| MU25 | 25.0 | 20.0 |
| MU30 | 30.0 | 24.0 |
| MU35 | 35.0 | 28.0 |
| MU40 | 40.0 | 32.0 |

6）L 类砌块的吸水率应不大于10%，N 类砌块的吸水率应不大于14%。

7）L 类砌块的线性干燥收缩值应不大于 0.45mm/m，N 类砌块的线性干燥收缩值应不大于 0.65mm/m。

8）砌块的抗冻性应符合表 3－37 的规定。

表 3－37  抗冻性

| 使用地区 | 抗冻指标 | 质量损失率 | 抗压强度损失率 |
|---|---|---|---|
| 夏热冬暖地区 | D15 | 平均值≤5%<br>单块最大值≤10% | 平均值≤20%<br>单块最大值≤30% |
| 夏热冬冷地区 | D25 | | |
| 寒冷地区 | D35 | | |
| 严寒地区 | D50 | | |

注：使用条件应符合《民用建筑热工设计规范》GB 50176—1993 的规定。

9）砌块的碳化系数不应小于 0.85。

10）砌块的软化系数不应小于 0.85。

11）放射性核素限量应符合《建筑材料放射性核素限量》GB 6566—2010 的规定。

## 3.2.2  蒸压加气混凝土砌块

蒸压加气混凝土砌块（简称砌块），如图 3－7 所示，适于作民用与工业建筑物墙体和绝热使用。

图 3－7  蒸压加气混凝土砌块

**1. 产品分类**

（1）规格。砌块的规格尺寸见表 3－38。

表 3－38  砌块的规格尺寸

| 长度 $L$ （mm） | 宽度 $B$ （mm） | | | 高度 $H$ （mm） | | | |
|---|---|---|---|---|---|---|---|
| 600 | 100 | 120 | 125 | 200 | 240 | 250 | 300 |
| | 150 | 180 | 200 | | | | |
| | 240 | 250 | 300 | | | | |

注：如需要其他规格，可由供需双方协商解决。

（2）砌块按强度和干密度分级。

1）强度级别有：A1.0、A2.0、A2.5、A3.5、A5.0、A7.5、A10 七个级别。

2）干密度级别有：B03、B04、B05、B06、B07、B08 六个级别。

（3）砌块等级。砌块按尺寸偏差与外观质量、干密度、抗压强度和抗冻性分为：优等品（A）与合格品（B）两个等级。

（4）砌块产品标记。按产品名称（代号 ACB）、强度级别、体积密度级别、规格尺寸、产品等级及标准编号的顺序标记。

**2. 要求**

1）砌块的尺寸允许偏差和外观质量应符合表 3－39 的规定。

表3-39 砌块的尺寸允许偏差和外观质量

| 项 目 | | | 指标 | |
|---|---|---|---|---|
| | | | 优等品（A） | 合格品（B） |
| 尺寸允许偏差/mm | 长度 | L | ±3 | ±4 |
| | 宽度 | B | ±1 | ±2 |
| | 高度 | H | ±1 | ±2 |
| 缺棱掉角 | 最小尺寸不得大于（mm） | | 0 | 30 |
| | 最大尺寸不得大于（mm） | | 0 | 70 |
| | 大于以上尺寸的缺棱掉角个数，不多于（个） | | 0 | 2 |
| 裂纹长度 | 贯穿一棱二面的裂纹长度不得大于裂纹所在面的裂纹方向尺寸总和的 | | 0 | $\frac{1}{3}$ |
| | 任一面上的裂纹长度不得大于裂纹方向尺寸的 | | 0 | $\frac{1}{2}$ |
| | 大于以上尺寸的裂纹条数，不多于（条） | | 0 | 2 |
| 爆裂、粘模和损坏深度不得大于（mm） | | | 10 | 30 |
| 平面弯曲 | | | 不允许 | |
| 表面疏松、层裂 | | | 不允许 | |
| 表面油污 | | | 不允许 | |

2）砌块的抗压强度应符合表3-40的规定。

表3-40 砌块的立方体抗压强度 （MPa）

| 强度等级 | 立方体抗压强度 | |
|---|---|---|
| | 平均值，≥ | 单组最小值，≥ |
| A1.0 | 1.0 | 0.8 |
| A2.0 | 2.0 | 1.6 |
| A2.5 | 2.5 | 2.0 |
| A3.5 | 3.5 | 2.8 |
| A5.0 | 5.0 | 4.0 |
| A7.5 | 7.5 | 6.0 |
| A10.0 | 10.0 | 8.0 |

3）蒸压加气混凝土砌块的干密度应符合表 3 - 41 的规定。

**表 3 - 41　蒸压加气混凝土砌块的干密度（kg/m³）**

| 干密度级别 | | B03 | B04 | B05 | B06 | B07 | B08 |
|---|---|---|---|---|---|---|---|
| 干密度 | 优等品（A），≤ | 300 | 400 | 500 | 600 | 700 | 800 |
| | 合格品（B），≤ | 325 | 425 | 525 | 625 | 725 | 825 |

4）砌块的强度级别应符合表 3 - 42 的规定。

**表 3 - 42　砌块的强度级别**

| 干密度级别 | | B03 | B04 | B05 | B06 | B07 | B08 |
|---|---|---|---|---|---|---|---|
| 强度级别 | 优等品（A） | A1.0 | A2.0 | A3.5 | A5.0 | A7.5 | A10.0 |
| | 合格品（B） | | | A2.5 | A3.5 | A5.0 | A7.5 |

5）蒸压加气混凝土砌块的干燥收缩、抗冻性和热导率（干态）应符合表 3 - 43 的规定。

**表 3 - 43　干燥收缩、抗冻性和热导率**

| 干密度级别 | | | B03 | B04 | B05 | B06 | B07 | B08 |
|---|---|---|---|---|---|---|---|---|
| 干燥收缩值① | 标准法（mm/m），≤ | | 0.50 | | | | | |
| | 快速法（mm/m），≤ | | 0.80 | | | | | |
| 抗冻性 | 质量损失（%），≤ | | 5.0 | | | | | |
| | 冻后强度（MPa），≥ | 优等品（A） | 0.8 | 1.6 | 2.8 | 4.0 | 6.0 | 8.0 |
| | | 合格品（B） | | | 2.0 | 2.8 | 4.0 | 6.0 |
| 热导率（干态）[W/（m·K）]，≤ | | | 0.10 | 0.12 | 0.14 | 0.16 | 0.18 | 0.20 |

注：①规定采用标准法、快速法测定砌块干燥收缩值，若测定结果发生矛盾时，则以标准法测定的结果为准。

### 3.2.3　粉煤灰混凝土小型空心砌块

粉煤灰混凝土小型空心砌块是以粉煤灰、水泥、骨料、水为主要组分（也可加入外加剂等）制成的混凝土小型空心砌块，以下简称砌块，代号为 FHB。

**1. 产品分类**

（1）分类。按砌块孔的排数分为：单排孔（1）、双排孔（2）和多排孔（D）三类。

（2）规格。主规格尺寸为 390mm×190mm×190mm，其他规格尺寸可由供需双方商定。

（3）等级。

1）按砌块密度等级分为：600、700、800、900、1000、1200 和 1400 七个等级。

2）按砌块抗压强度分为：MU3.5、MU5、MU7.5、MU10、MU15 和 MU20 六个等级。

（4）标记。产品标记顺序为：代号（FHB）、分类、规格尺寸、密度等级、强度等级、标准编号。

**2. 要求**

1）粉煤灰混凝土小型空心砌块的尺寸允许偏差和外观质量应符合表 3－44 的规定。

表 3－44　粉煤灰混凝土小型空心砌块的尺寸允许偏差和外观质量

| 项 目 | | 指标 |
|---|---|---|
| 尺寸允许偏差（mm） | 长度 | ±2 |
| | 宽度 | ±2 |
| | 高度 | ±2 |
| 最小外壁厚（mm），≥ | 用于承重墙体 | 30 |
| | 用于非承重墙体 | 20 |
| 肋厚（mm），≥ | 用于承重墙体 | 25 |
| | 用于非承重墙体 | 15 |
| 缺棱掉角 | 个数，不多于（个） | 2 |
| | 3 个方向投影的最小值（mm），≤ | 20 |
| 裂缝延伸投影的累计尺寸（mm），≤ | | 20 |
| 弯曲（mm），≤ | | 2 |

2）粉煤灰混凝土小型空心砌块的密度等级应符合表 3－45 的规定。

表 3－45　粉煤灰混凝土小型空心砌块的密度等级（kg/m³）

| 密度等级 | 砌块块体密度的范围 |
|---|---|
| 600 | ≤600 |
| 700 | 610～700 |
| 800 | 710～800 |
| 900 | 810～900 |
| 1000 | 910～1000 |
| 1200 | 1010～1200 |
| 1400 | 1210～1400 |

3）粉煤灰混凝土小型空心砌块的强度等级应符合表 3－46 的规定。

表 3 –46  粉煤灰小型空心砌块的强度等级（MPa）

| 强度等级 | 砌块抗压强度 | |
|---|---|---|
| | 平均值不小于 | 单块最小值不小于 |
| MU3.5 | 3.5 | 2.8 |
| MU5 | 5.0 | 4.0 |
| MU7.5 | 7.5 | 6.0 |
| MU10 | 10.0 | 8.0 |
| MU15 | 15.0 | 12.0 |
| MU20 | 20.0 | 16.0 |

4）粉煤灰小型空心砌块的干燥收缩率应不大于 0.060%。

5）粉煤灰小型空心砌块的相对含水率应符合表 3 – 47 的规定。

表 3 –47  粉煤灰小型空心砌块的相对含水率（%）

| 使用地区 | 潮湿 | 中等 | 干燥 |
|---|---|---|---|
| 相对含水率不大于 | 40 | 35 | 30 |

注：1. 相对含水率即砌块含水率与吸水率之比：

$$W = 100 \times \omega_1 / \omega_2$$

式中　$W$——砌块的相对含水率（%）；

　　　$\omega_1$——砌块的含水率（%）；

　　　$\omega_2$——砌块的吸水率（%）。

2. 使用地区的湿度条件：

潮湿——指年平均相对湿度大于 75% 的地区；

中等——指年平均相对湿度 50% ~75% 的地区；

干燥——指年平均相对湿度小于 50% 的地区。

6）粉煤灰小型空心砌块的抗冻性应符合表 3 – 48 的规定。

表 3 –48  粉煤灰小型空心砌块的抗冻性（%）

| 使用条件 | 抗冻指标 | 质量损失率 | 强度损失率 |
|---|---|---|---|
| 夏热冬暖地区 | $F_{15}$ | | |
| 夏热冬冷地区 | $F_{25}$ | ≤5 | ≤25 |
| 寒冷地区 | $F_{35}$ | | |
| 严寒地区 | $F_{50}$ | | |

7）粉煤灰小型空心砌块的碳化系数应不小于 0.80，软化系数应不小于 0.80。

8）放射性应符合《建筑材料放射性核素限量》GB 6566—2010 的规定。

### 3.2.4 轻骨料混凝土小型空心砌块

轻骨料混凝土是用轻粗骨料、轻砂（或普通砂）、水泥和水等原材料配制而成的干表观密度不大于 1950kg/m³ 的混凝土。混凝土轻骨料小型空心砌块是用轻骨料混凝土制成的小型空心砌块，如图 3-8 所示。

**1. 分类**

（1）类别。按砌块孔的排数分类为：单排孔、双排孔、三排孔、四排孔等。

（2）规格尺寸。主规格尺寸长×宽×高为 390mm×190mm×190mm。其他规格尺寸可由供需双方商定。

（3）等级。

1）砌块密度等级分为八级：700、800、900、1000、1100、1200、1300、1400（除自燃煤矸石掺量不小于砌块质量 35% 的砌块外，其他砌块的最大密度等级为 1200）。

**图 3-8 轻骨料混凝土小型空心砌块**

2）砌块强度等级分为五级：MU2.5、MU3.5、MU5.0、MU7.5、MU10.0。

（4）标记。轻骨料混凝土小型空心砌块（LB）按代号、类别（孔的排数）、密度等级、强度等级、标准编号的顺序进行标记。

**2. 技术要求**

1）尺寸偏差和外观质量应符合表 3-49 的规定。

**表 3-49 尺寸偏差和外观质量**

| 项 目 | | 指 标 |
|---|---|---|
| 尺寸偏差（mm） | 长度 | ±3 |
| | 宽度 | ±3 |
| | 高度 | ±3 |
| 最小外壁厚（mm） | 用于承重墙体，≥ | 30 |
| | 用于非承重墙体，≥ | 20 |
| 肋厚（m） | 用于承重墙体，≥ | 25 |
| | 用于非承重墙体，≥ | 20 |
| 缺棱掉角 | 个数（块），≤ | 2 |
| | 三个方向投影的最大值（mm），≤ | 20 |
| 裂缝延伸的累计尺寸（mm），≤ | | 30 |

2）密度等级应符合表 3-50 要求。

表 3-50　密度等级（kg/m³）

| 密 度 等 级 | 干表观密度范围 |
| --- | --- |
| 700 | 610～700 |
| 800 | 710～800 |
| 900 | 810～900 |
| 1000 | 910～1000 |
| 1100 | 1010～1100 |
| 1200 | 1100～1200 |
| 1300 | 1210～1300 |
| 1400 | 1310～1400 |

3）强度等级应符合表 3-51 的规定，同一强度等级砌块的抗压强度和密度等级范围应同时满足表 3-51 的要求。

表 3-51　强度等级

| 强度等级 | 抗压强度（MPa） | | 密度等级范围（kg/m³） |
| --- | --- | --- | --- |
| | 平均值 | 最小值 | |
| MU2.5 | ≥2.5 | ≥2.0 | ≤800 |
| MU3.5 | ≥3.5 | ≥2.8 | ≤1000 |
| MU5.0 | ≥5.0 | ≥4.0 | ≤1200 |
| MU7.5 | ≥7.5 | ≥6.0 | ≤1200[①]<br>≤1300[②] |
| MU10.0 | ≥10.0 | ≥8.0 | ≤1200[①]<br>≤1400[②] |

注：当砌块的抗压强度同时满足 2 个强度等级或 2 个以上强度等级要求时，应以满足要求的最高强度等级为准。
①除自燃煤矸石掺量不小于砌块质量 35% 以外的其他砌块。
②自燃煤矸石掺量不小于砌块质量 35% 的砌块。

4）吸水率不应大于 18%。干燥收缩率不应大于 0.065%。相对含水率应符合表 3-52 的规定。

表 3 –52   相对含水率

| 干燥收缩率（%） | 相对含水率（%） | | |
|---|---|---|---|
| | 潮湿地区 | 中等湿度地区 | 干燥地区 |
| <0.03 | ≤45 | ≤40 | ≤35 |
| ≥0.03，≤0.045 | ≤40 | ≤35 | ≤30 |
| >0.045，≤0.065 | ≤35 | ≤30 | ≤25 |

注：1. 相对含水率为砌块出厂含水率与吸水率之比：

$$W = \frac{\omega_1}{\omega_2} \times 100$$

　　　式中　　$W$——砌块的相对含水率（%）；

　　　　　　$\omega_1$——砌块出厂时的含水率（%）；

　　　　　　$\omega_2$——砌块的吸水率（%）。

　　2. 使用地区的湿度条件：

　　　潮湿地区——年平均相对湿度大于 75% 的地区；

　　　中等湿度地区——年平均相对湿度 50% ~75% 的地区；

　　　干燥地区——年平均相对湿度小于 50% 的地区。

5）碳化系数应不小于 0.8；软化系数应不小于 0.8。

6）抗冻性应符合表 3 – 53 的规定。

表 3 –53   抗冻性

| 环境条件 | 抗冻标号 | 质量损失率（%） | 强度损失率（%） |
|---|---|---|---|
| 温和与夏热冬暖地区 | D15 | ≤5 | ≤25 |
| 夏热冬冷地区 | D25 | | |
| 寒冷地区 | D35 | | |
| 严寒地区 | D50 | | |

注：环境条件应符合《民用建筑热工设计规范》GB 50176—1993 的规定。

7）砌块的放射性核素限量应符合《建筑材料放射性核素限量》GB 6566—2010 的规定。

## 3.2.5   石膏砌块

石膏砌块是以建筑石膏为主要原料，经加水搅拌、浇注成型和干燥制成的建筑石膏制品，如图 3 –9 所示。其外形为长方体，纵横边缘分别设有榫头和榫槽。生产中允许加入纤维增强材料或其他骨料，也可加入发泡剂、憎水剂。

图 3 - 9　石膏砌块

**1. 分类**

按石膏砌块的结构分为空心石膏砌块（K）和实心石膏砌块（S），按石膏砌块的防潮性能分为普通石膏砌块（P）和防潮石膏砌块（F）。

**2. 规格**

石膏砌块规格见表 3 - 54。若有其他规格，可由供需双方商定。

表 3 - 54　石膏砌块规格尺寸（mm）

| 项　　目 | 规　　格 |
|---|---|
| 长度 | 600、666 |
| 高度 | 500 |
| 厚度 | 80、100、120、150 |

**3. 要求**

1）石膏砌块外表面不应有影响使用的缺陷，具体应符合表 3 - 55 的规定。

表 3 - 55　石膏砌块外观质量

| 项目 | 指　　标 |
|---|---|
| 缺角 | 同一砌块不应多于 1 处，缺角尺寸应小于 30mm×30mm |
| 板面裂缝、裂纹 | 不应有贯穿裂缝，长度小于 30mm，宽度小于 1mm 的非贯穿裂纹不应多于 1 条 |
| 气孔 | 直径 5~10mm，不应多于 2 处；大于 10mm 不应有 |
| 油污 | 不应有 |

2）石膏砌块尺寸和尺寸偏差应符合表 3 - 56 的规定。

表 3 - 56　石膏砌块尺寸和尺寸偏差（mm）

| 项　　目 | 要　　求 |
|---|---|
| 长度偏差 | ±3 |
| 高度偏差 | ±2 |
| 厚度偏差 | ±1.0 |
| 孔与孔之间和孔与板面之间的最小壁厚 | ≥15.0 |
| 平整度 | ≤1.0 |

3）石膏砌块的物理力学性能应符合表 3 - 57 的规定。

**表 3 - 57　石膏砌块的物理力学性能**

| 项　　目 | | 要　　求 |
|---|---|---|
| 表观密度（kg/m³） | 实心石膏砌块 | ≤1100 |
| | 空心石膏砌块 | ≤800 |
| 断裂荷载（N） | | ≥2000 |
| 软化系数 | | ≥0.6 |

# 3.3　砌体结构用石

石砌体所用的石材应质地坚实，无风化剥落和裂纹。用于清水墙、柱表面的石材，尚应色泽均匀。

砌筑用石有毛石和料石两类。

**1. 毛石**

毛石分为乱毛石和平毛石两种。

乱毛石是指形状不规则的石块；平毛石是指形状不规则，但有 2 个子面大致平行的石块。毛石应呈块状，其中部厚度不宜小于 150mm，如图 3 - 10 所示。

**图 3 - 10　毛石外形**

毛石的强度等级分为 MU100、MU80、MU60、MU50、MU40、MU30 和 MU20。其强度等级是以 70mm 边长的立方体试块的抗压强度表示（取 3 块试块的平均值）。

**2. 料石**

料石也称条石，是由人工或机械开拆出的较规则的六面体石块，用来砌筑建筑物用的石料。按其加工后的外形规则程度可分为毛料石、粗料石（见图 3 - 11）、半细料石和细料石（见图 3 - 12）四种。按形状可分为条石（见图 3 - 13）、方石（见图 3 - 14）及拱石。

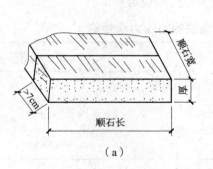
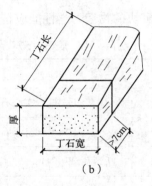

（a） （b）

**图 3 - 11 粗料石外形**

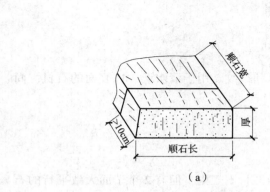
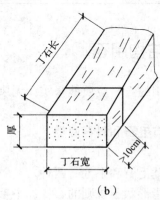

（a） （b）

**图 3 - 12 细料石外形**

**图 3 - 13 条石**

**图 3 - 14 方石**

料石各面的加工要求应符合表 3 – 58 的规定。

**表 3 – 58　料石各面的加工要求**

| 料石种类 | 外露面及相接周边的表面凹入深度 | 叠砌面和接砌面的表面凹入深度 |
|---|---|---|
| 细料石 | 不大于 2mm | 不大于 10mm |
| 粗料石 | 不大于 20mm | 不大于 20mm |
| 毛料石 | 稍加修整 | 不大于 25mm |

注：相接周边的表面是指叠砌面、接砌面与外露面相接处 20～30mm 范围内的部分。

料石加工的允许偏差应符合表 3 – 59 的规定。

**表 3 – 59　料石加工允许偏差 （mm）**

| 料石种类 | 加工允许偏差 | |
|---|---|---|
| | 宽度、厚度 | 长度 |
| 细料石 | ±3 | ±5 |
| 粗料石 | ±5 | ±7 |
| 毛料石 | ±10 | ±15 |

注：如设计有特殊要求，应按设计要求加工。

料石的宽度、厚度均不宜小于 200mm，长度不宜大于厚度的 4 倍。

石材的强度等级：MU100、MU80、MU60、MU50、MU40、MU30 和 MU20。

## 3.4　砌筑砂浆

### 3.4.1　砌筑砂浆的技术条件

砂浆是砖混结构墙体材料中块体的胶结材料。墙体是砖块、石块、砌块通过砂浆的黏结成为一个整体的。它起到填充块体之间的缝隙，防风、防雨渗透到室内；同时又起到块体之间的铺垫，把上部传下来的荷载均匀地传到下面去的作用；还可以阻止块体的滑动。砂浆应具备一定的强度、黏结力和流动性、稠度。

**1. 砂浆的种类**

砂浆用在墙体砌筑中，按所用配合材料不同而分为水泥砂浆、混合砂浆、石灰砂浆、防水砂浆、勾缝砂浆等。砂浆的种类见表 3 – 60。

**表 3 – 60　砂浆的种类**

| 种类 | 内　　容 |
|---|---|
| 水泥砂浆 | 它是由水泥和砂子按一定重量的比例配制搅拌而成的。主要用在受湿度大的墙体、基础等部位 |

续表 3 – 60

| 种类 | 内　　容 |
|---|---|
| 混合砂浆 | 它是由水泥、石灰膏、砂子（有的加少量微沫剂节省石灰膏）等按一定的重量比例配制搅拌而成的。它主要用于地面以上墙体的砌筑 |
| 石灰砂浆 | 它是由石灰膏和砂子按一定比例搅拌而成的。它强度较低，一般只有 0.5MPa 左右。但作为临性建筑，半永久建筑仍可作砌筑墙体使用 |
| 防水砂浆 | 它是在 1:3（体积比）水泥砂浆中，掺入水泥重量 3% ~5% 的防水粉或防水剂搅拌而成的。它在房屋上主要用于防潮层，化粪池内外抹灰等 |
| 勾缝砂浆 | 它是水泥和细砂以 1:1（体积比）拌制而成的。主要用在清水墙面的勾缝 |

**2. 砂浆的组成材料及要求**

砂浆的材料组成和材料要求见表 3 – 61。

表 3 –61　砂浆的材料组成与材料要求

| 使用材料 | 材　料　要　求 |
|---|---|
| 水泥 | 　水泥进场时应对其品种、等级、包装或散装仓号、出厂日期等进行检查，并应对其强度、安定性进行复验，其质量必须符合现行国家标准《通用硅酸盐水泥》GB 175—2007 的有关规定。不同品种的水泥不得混合使用<br> |
| 石灰膏 | 　生石灰熟化成石灰膏时，应用孔径不大于 3mm × 3mm 的网过滤，熟化时间不得少于 7d；磨细生石灰粉的熟化时间不得少于 2d。沉淀池中储存的石灰膏，应采取防止干燥、冻结和污染的措施。严禁使用脱水硬化的石灰膏 |
| 砂 | 　砂浆用砂宜采用过筛中砂，并应满足下列要求：<br>　1）不应混有草根、树叶、树枝、塑料、煤块、炉渣等杂物<br>　2）砂中含泥量、泥块含量、石粉含量、云母、轻物质、有机物、硫化物、硫酸盐及氯盐含量（配筋砌体砌筑用砂）等应符合现行行业标准《普通混凝土用砂、石质量及检验方法标准》JGJ 52—2006 的有关规定 |

续表 3 – 61

| 使用材料 | 材 料 要 求 |
|---|---|
| 砂 | 3）人工砂、山砂及特细砂，应经试配能满足砌筑砂浆技术条件要求  |
| 水 | 拌制砂浆用水的水质应符合现行行业标准《混凝土用水标准》JGJ 63—2006 的有关规定  |
| 外加剂 | 外加剂应符合国家现行有关标准的规定，引气型外加剂还应有完整的型式检验报告 |

**3. 砂浆强度等级**

水泥砂浆及预拌砌筑砂浆的强度等级可分为 M5、M7.5、M10、M15、M20、M25、M30，水泥混合砂浆的强度等级可分为 M5、M7.5、M10、M15。

**4. 砂浆的技术要求**

1）作为砌体的胶结材料除了强度要求外，为了达到黏结度好，砌体密实还有一些技术上的要求，应做到的要求见表 3 – 62。

表 3 – 62　砂浆的技术要求

| 控制项目 | 技 术 要 求 |
|---|---|
| 流动性（也称为稠度） | 足够的流动性是指砂浆的稀稠程度。试验室中用稠度计来测定，目的为便于操作。流动性与砂浆的加水量，水泥用量，石灰膏掺量，砂子的粒径、形状、孔隙率和砂浆的搅拌时间有关。对砂浆流动度的要求，可以因砌体种类、施工时大气的温度、湿度等的不同而变化。具体参照表 3 – 63 选用 |

续表 3 – 62

| 控制项目 | 技 术 要 求 |
|---|---|
| 保水性 | 具有保水性，砂浆的保水性是指砂浆从搅拌机出料后到使用时这段时间内，砂浆中的水和胶结料、骨料之间分离的快慢程度。分离快的使水浮到上面则保水性差，分离慢的砂浆仍很黏糊，则保水性较好。保水性与砂浆的组分配合、砂子的颗粒粗细程度、密实度等有关。一般来说，石灰砂浆保水性较好，混合砂浆次之，水泥砂浆较差些。此外，远距离运输也容易引起砂浆的离析 |
| 搅拌时间 | 搅拌时间要充分，砂浆应采用机械拌和，拌和时间应自投料完算起，不得少于 2min。搅拌前必须进行计量。在搅拌机棚中应悬挂配合比牌 |
| 搅拌完至砌筑时间 | 现场拌制的砂浆应随拌随用，拌制的砂浆应在 3h 内使用完毕；当施工期间最高气温超过 30℃时，应在 2h 内使用完毕。一定要做到随拌随用，在规定时间内用完，使砂浆的实际强度不受影响 |
| 试块的制作 | 在砌筑施工中，砂浆试块的制作根据规范要求，每一楼层或 250m³ 砌体中的各种强度的砂浆，每台搅拌机应至少检查一次，每次至少应制作一组（6 块）试块。如砂浆强度或配合比变更时，还应制作试块。并送标准养护室进行龄期为 28d 的标准养护。后经试压的结果是作为检验砌体砂浆强度的依据 |
| 其他 | 施工中不得任意同强度的水泥砂浆去代替水泥混合砂浆砌筑墙体。如由于某些原因需要替代时，应经设计部门的结构工程师同意签字 |

表 3 – 63　砌筑砂浆的稠度

| 砌体种类 | 砂浆稠度（mm） |
|---|---|
| 烧结普通砖砌体<br>蒸压粉煤灰砖砌体 | 70 ~ 90 |
| 混凝土实心砖、混凝土多孔砖砌体<br>普通混凝土小型空心砌块砌体<br>蒸压灰砂砖砌体 | 50 ~ 70 |
| 烧结多孔砖、空心砖砌体<br>轻骨料小型空心砌块砌体<br>蒸压加气混凝土砌块砌体 | 60 ~ 80 |
| 石砌体 | 30 ~ 50 |

2）水泥砂浆拌合物的密度不宜小于 $1900kg/m^3$，水泥混合砂浆拌合物和预拌砌筑砂浆拌合物的密度不宜小于 $1800kg/m^3$。

3）砌筑砂浆的分层度不得大于 30mm。

4）具有冻融循环次数要求的砌筑砂浆，经冻融试验后，质量损失率不得大于 5%，抗压强度损失率不得大于 25%。

### 3.4.2 砌筑砂浆试配要求

**1. 水泥混合砂浆试配要求**

水泥混合砂浆配合比的确定，应按下列步骤进行：

1）砂浆的试配强度应按下式计算：

$$f_{m,0} = kf_2 \tag{3-1}$$

式中  $f_{m,0}$——砂浆的试配强度（MPa），应精确至 0.1MPa；

      $f_2$——砂浆强度等级值（MPa），应精确至 0.1MPa；

      $k$——系数，按表 3-64 取值。

**表 3-64  砂浆强度标准差 $\sigma$ 及 $k$ 值**

| 强度等级<br>施工水平 | 强度标准差 $\sigma$（MPa） | | | | | | | $k$ |
|---|---|---|---|---|---|---|---|---|
| | M5 | M7.5 | M10 | M15 | M20 | M25 | M30 | |
| 优良 | 1.00 | 1.50 | 2.00 | 3.00 | 4.00 | 5.00 | 6.00 | 1.15 |
| 一般 | 1.25 | 1.88 | 2.50 | 3.75 | 5.00 | 6.25 | 7.50 | 1.20 |
| 较差 | 1.50 | 2.25 | 3.00 | 4.50 | 6.00 | 7.50 | 9.00 | 1.25 |

2）砂浆强度标准差的确定应符合下列规定：

①当有统计资料时，砂浆强度标准差应按下式计算：

$$\sigma = \sqrt{\frac{\sum_{i=1}^{n} f_{m,i}^2 - n\mu_{fm}^2}{n-1}} \tag{3-2}$$

式中  $f_{m,i}$——统计周期内同一品种砂浆第 $i$ 组试件的强度（MPa）；

      $\mu_{fm}$——统计周期内同一品种砂浆 $n$ 组试件强度的平均值（MPa）；

      $n$——统计周期内同一品种砂浆试件的总组数，$n \geqslant 25$。

②当无统计资料时，砂浆强度标准差可按表 3-64 取值。

3）水泥用量的计算应符合下列规定：

①每立方米砂浆中的水泥用量，应按下式计算：

$$Q_c = 1000(f_{m,0} - \beta)/(\alpha \cdot f_{ce}) \tag{3-3}$$

式中  $Q_c$——每立方米砂浆的水泥用量（kg），应精确至 1kg；

      $f_{ce}$——水泥的实测强度（MPa），应精确至 0.1MPa；

      $\alpha$、$\beta$——砂浆的特征系数，其中 $\alpha$ 取 3.03，$\beta$ 取 -15.09。

注：各地区也可用本地区试验资料确定 $\alpha$、$\beta$ 值，统计用的试验组数不得少于 30 组。

②在无法取得水泥的实测强度值时，可按下式计算：

$$f_{ce} = \gamma_c \cdot f_{ce,k} \qquad (3-4)$$

式中　$f_{ce,k}$——水泥强度等级值（MPa）；

　　　$\gamma_c$——水泥强度等级值的富余系数，宜按实际统计资料确定；无统计资料时可取1.0。

4）石灰膏用量应按下式计算：

$$Q_D = Q_A - Q_c \qquad (3-5)$$

式中　$Q_D$——每立方米砂浆的石膏用量（kg），应精确至1kg；石灰膏使用时的稠度为120±5mm；

　　　$Q_c$——每立方米砂浆的水泥用量（kg），应精确至1kg；

　　　$Q_A$——每立方米砂浆中水泥和石灰膏总量，应精确至1kg，可为350kg。

5）每立方米砂浆中的砂用量，应按干燥状态（含水率小于0.5%）的堆积密度值作为计算值（kg）。

6）每立方米砂浆中的用水量，可根据砂浆稠度等要求选用210～310kg。

注：1. 混合砂浆中的用水量，不包括石灰膏中的水。

　　2. 当采用细砂或粗砂时，用水量分别取上限或下限。

　　3. 稠度小于70mm时，用水量可小于下限。

　　4. 施工现场气候炎热或干燥季节，可酌量增加用水量。

## 2. 水泥砂浆试配要求

1）每立方米水泥砂浆的材料用量可按表3-65选用。

表3-65　每立方米水泥砂浆材料用量（kg/m³）

| 强度等级 | 水泥 | 砂 | 用水量 |
|---|---|---|---|
| M5 | 200～230 | | |
| M7.5 | 230～260 | | |
| M10 | 260～290 | | |
| M15 | 290～330 | 砂的堆积密度值 | 270～330 |
| M20 | 340～400 | | |
| M25 | 360～410 | | |
| M30 | 430～480 | | |

注：1. M15及M15以下强度等级水泥砂浆，水泥强度等级为32.5级；M15以上强度等级水泥砂浆，水泥强度等级为42.5级。

　　2. 当采用细砂或粗砂时，用水量分别取上限或下限。

　　3. 稠度小于70mm时，用水量可小于下限。

　　4. 施工现场气候炎热或干燥季节，可酌量增加用水量。

　　5. 试配强度应按公式（3-1）计算。

2）每立方米水泥粉煤灰砂浆材料用量可按表 3 – 66 选用。

表 3 – 66　每立方米水泥粉煤灰砂浆材料用量（kg/m³）

| 强度等级 | 水泥和粉煤灰总量 | 粉煤灰 | 砂 | 用水量 |
|---|---|---|---|---|
| M5 | 210 ~ 240 | 粉煤灰掺量可占胶凝材料总量的 15% ~ 25% | 砂的堆积密度值 | 270 ~ 330 |
| M7.5 | 240 ~ 270 | | | |
| M10 | 270 ~ 300 | | | |
| M15 | 300 ~ 330 | | | |

注：1. 表中水泥强度等级为 32.5 级。
　　2. 当采用细砂或粗砂时，用水量分别取上限或下限。
　　3. 稠度小于 70mm 时，用水量可小于下限。
　　4. 施工现场气候炎热或干燥季节，可酌量增加用水量。
　　5. 试配强度应按公式（3 – 1）计算。

### 3.4.3　砂浆的配制与使用

**1. 砂浆配料要求**

1）水泥、有机塑化剂和冬期施工中掺用的氯盐等的配料准确度应控制在 ±2% 以内；砂、水及石灰膏、电石膏、黏土膏、粉煤灰、磨细生石灰粉等的配料准确度应控制在 ±5% 以内。

2）砂浆所用细骨料主要为天然砂，它应符合混凝土用砂的技术要求。由于砂浆层较薄，对砂子最大料径应有限制。用于毛石砌体砂浆，砂子最大料径应小于砂浆层厚度的 $\frac{1}{5} \sim \frac{1}{4}$；用于砖砌体的砂浆，宜用中砂，其最大粒径不大于 2.5mm；光滑表面的抹灰及勾缝砂浆，宜选用细砂，其最大料径不宜大于 1.2mm。当砂浆强度等级大于或等于 M5 时，砂的含泥量不应超过 5%；强度等级为 M5 以下的砂浆，砂的含泥量不应超过 10%。若用煤渣做骨料，应选用燃烧完全且有害杂质含量少的煤渣，以免影响砂浆质量。

3）石灰膏、黏土膏和电石膏的用量，宜按稠度为（120 ± 5）mm 计量。现场施工当石灰膏稠度与试配时不一致时，可按表 3 – 67 换算。

表 3 – 67　石灰膏不同稠度时的换算系数

| 石灰膏稠度（mm） | 120 | 110 | 100 | 90 | 80 | 70 | 60 | 50 | 40 | 30 |
|---|---|---|---|---|---|---|---|---|---|---|
| 换算系数 | 1.00 | 0.99 | 0.97 | 0.95 | 0.93 | 0.92 | 0.90 | 0.88 | 0.87 | 0.86 |

4）为使砂浆具有良好的保水性，应掺入无机或有机塑化剂，不应采取增加水泥用量的方法。

5）水泥混合砂浆中掺入有机塑化剂时，无机掺加料的用量最多可减少一半。

6）水泥砂浆中掺入有机塑化剂时，应考虑砌体抗压强度较水泥混合砂浆砌体降低 10% 的不利影响。

7）水泥黏土砂浆中，不得掺入有机塑化剂。

8）在冬季砌筑工程中使用氯化钠、氯化钙时，应先将氯化钠、氯化钙溶解于水中后投入搅拌。

**2. 砂浆拌制及使用**

1）砌筑砂浆应采用机械搅拌，搅拌时间自投料完起算应符合下列规定：

①水泥砂浆和水泥混合砂浆不得少于120s。

②水泥粉煤灰砂浆和掺用外加剂的砂浆不得少于180s。

③掺增塑剂的砂浆，其搅拌方式、搅拌时间应符合现行行业标准《砌筑砂浆增塑剂》JG/T 164—2004 的有关规定。

④干混砂浆及加气混凝土砌块专用砂浆宜按掺用外加剂的砂浆确定搅拌时间或按产品说明书采用。

2）配制砌筑砂浆时，各组分材料应采用质量计量，水泥及各种外加剂配料的允许偏差为±2%；砂、粉煤灰、石灰膏等配料的允许偏差为±5%。

3）拌制水泥砂浆，应先将砂与水泥干拌均匀，再加水拌和均匀。

4）拌制水泥混合砂浆，应先将砂与水泥干拌均匀，再加掺加料（石灰膏、黏土膏）和水拌和均匀。

5）拌制水泥粉煤灰砂浆，应先将水泥、粉煤灰、砂干拌均匀，再加水拌和均匀。

6）掺用外加剂时，应先将外加剂按规定浓度溶于水中，在拌和水投入时投入外加剂溶液，外加剂不得直接投入拌制的砂浆中。

7）砂浆拌成后和使用时，均应盛入贮灰器中。如砂浆出现泌水现象，应在砌筑前再次拌和。

8）现场拌制的砂浆应随拌随用，拌制的砂浆应在3h内使用完毕；当施工期间最高气温超过30℃时，应在2h内使用完毕。预拌砂浆及蒸压加气混凝土砌块专用砂浆的使用时间应按照厂方提供的说明书确定。

# 4 常用的砌筑工具

## 4.1 砌体铺设工具

砌体铺设工具见表4－1。

表4－1 砌体铺设工具

| 名称 | 内容及图示 |
| --- | --- |
| 瓦刀 | 瓦刀又叫泥刀、砌刀主要用来砍砖、打灰条、摊铺砂浆、发碹。瓦刀分为片刀和条刀两种<br>   |
| 大铲 | 用于铲灰、铺灰和刮浆的工具，也可以在操作中用它随时调和砂浆。大铲以桃形者居多，也有长三角形大铲、长方形大铲和鸳鸯大铲。它是实施"三一"（在铲灰、一块砖、一揉挤）砌筑法的关键工具 <br><br>桃形大铲 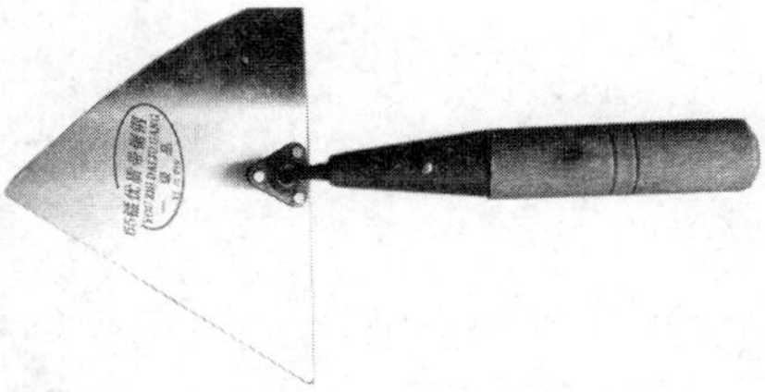　　　　　　长三角形大铲 <br>长方形大铲 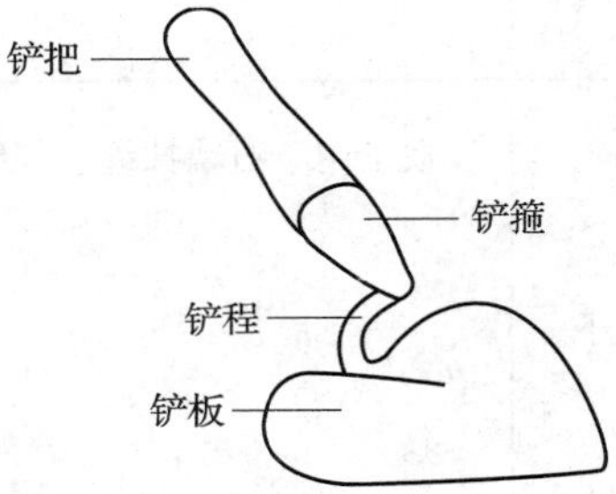　　　　　　鸳鸯大铲<br>（铲把、铲箍、铲程、铲板） |

**续表 4 - 1**

| 名称 | 内容及图示 |
|------|-----------|
| 灰板 | 灰板又叫托灰板，在勾缝时用其承托砂浆。灰板用不易变形木材制成 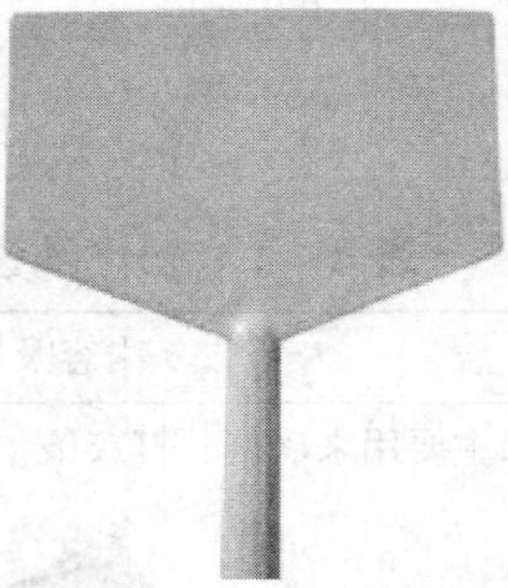 |
| 摊灰尺 | 摊灰尺用于控制灰缝及摊铺砂浆。它用不易变形的木材制成 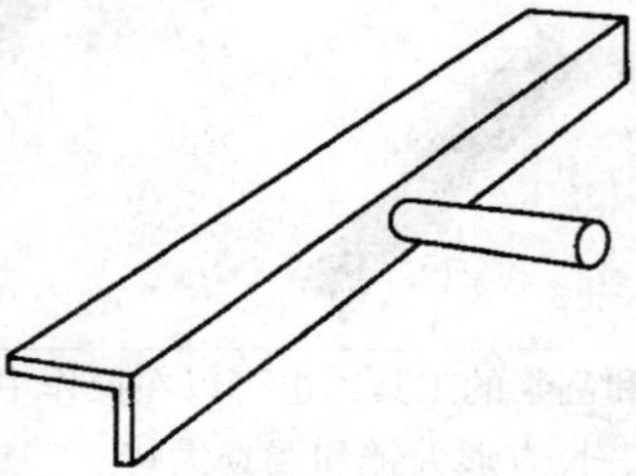 |
| 溜子 | 又叫灰匙、勾缝刀，一般以 $\phi 8$ 钢筋打扁制成，并装上木柄，通常用于清水墙勾缝。用 0.5～1mm 厚的薄钢板制成的较宽的溜子，则用于毛石墙的勾缝 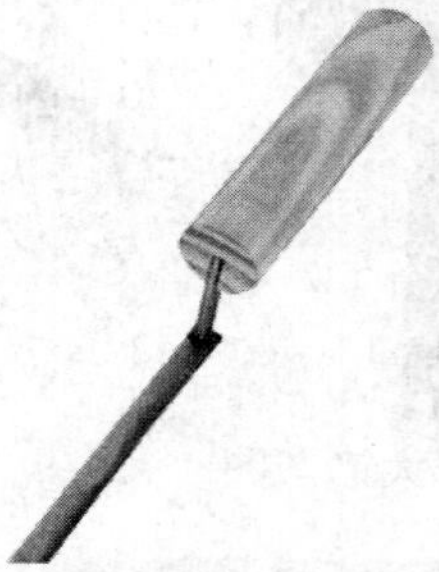 |
| 抿子 | 抿子用于石墙抹缝、勾缝。多用 0.8～1mm 厚钢板制成，并装上木柄 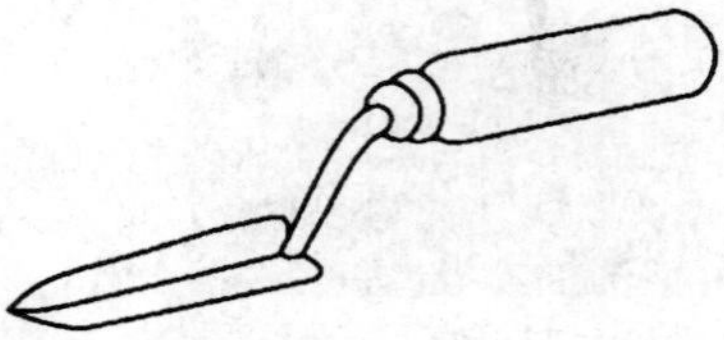 |

**续表 4 – 1**

| 名称 | 内容及图示 |
|------|-----------|
| 刨锛 | 刨锛用以打砍砖块，也可当作小锤与大铲配合使用  |
| 钢凿 | 钢凿又称錾子，与手锤配合，用于开凿石料、异型砖等。其直径为 20 ~ 28mm，长 150 ~ 250mm，端部有尖、扁两种 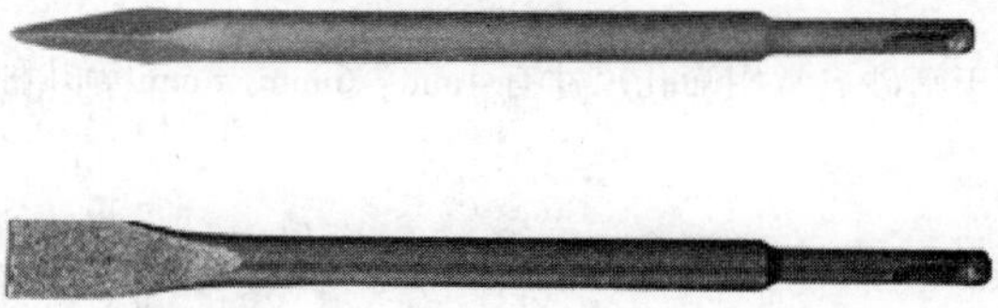 |
| 手锤 | 手锤俗称小榔头。用于敲凿石料和开凿异型砖 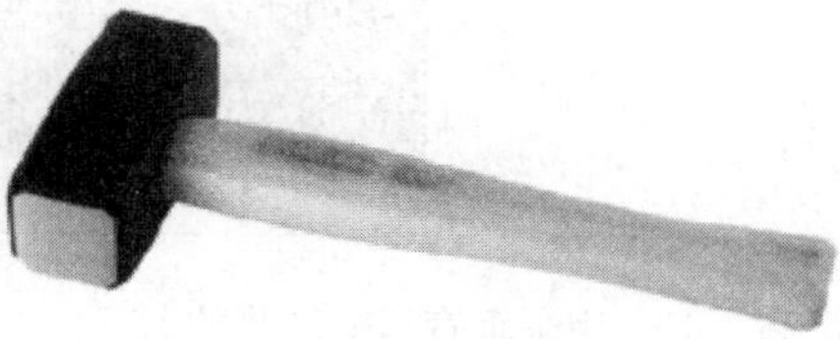 |
| 砖夹 | 施工单位自制的夹砖工具。可用 φ16 钢筋锻造，一次可以夹起 4 块标准砖，用于装卸砖块 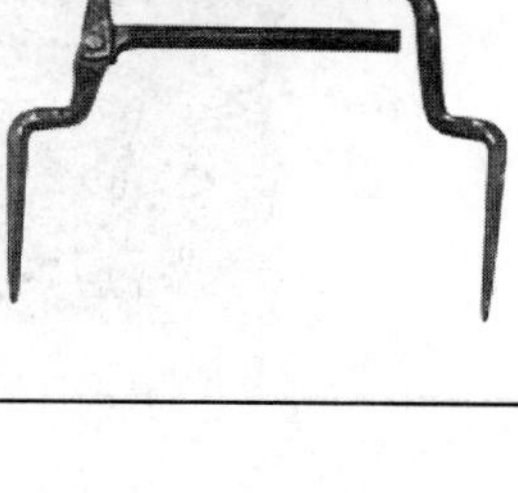 |

续表 4 – 1

| 名称 | 内容及图示 |
|------|-----------|
| 砖笼 | 砖笼是塔吊施工时吊运砖块的工具。施工时，在底板上先码好一定数量的砖，然后将砖笼套上并固定，再起吊到指定地点。如此周转使用<br>  |
| 筛子 | 筛子用于筛砂。常用筛孔尺寸有 4mm、6mm、8mm 等几种，有手筛、立筛、小方筛三种<br>  |
| 料斗 | 料斗是在塔吊施工时，用来垂直运输砂浆的工具<br>  |

续表 4-1

| 名称 | 内容及图示 |
|------|-----------|
| 灰槽 | 灰槽用 1~2mm 厚的黑铁皮制成，供砖瓦工存放砂浆用  |
| 手推车 | 手推车容量约 0.12m³，轮轴总宽度应小于 900mm，以便于通过室内门洞口。用于运输砂浆、砖和其他散装材料  |
| 锹、铲等工具 | 人工拌制砂浆用的各类锹、铲等工具  |

## 4.2 砌筑用脚手架

### 4.2.1 外脚手架

在外墙外面搭设的脚手架称为外脚手架。

图 4-1 为钢管扣件式外脚手架立面图。此种脚手架可沿外墙双排或单排搭设，钢管

之间靠"扣件"连接。"扣件"有直交的、任意角度的和特殊型的三种,"扣件"的样式如图 4 - 2 所示。钢管一般用 $\phi$57 厚 3.5mm 的无缝钢管。搭设时每隔 30m 左右应加斜撑一道。

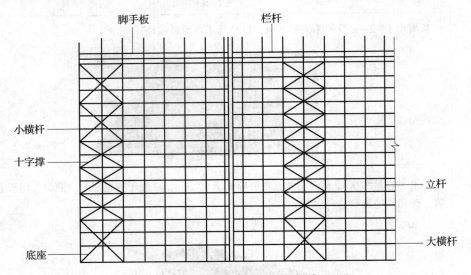

**图 4 - 1　钢管扣件式外脚手架立面图**

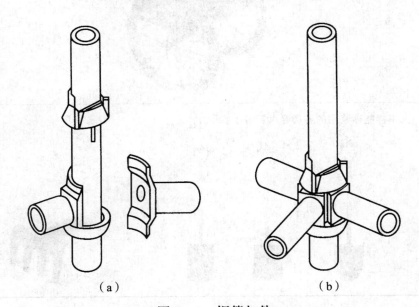

**图 4 - 2　钢管扣件**

图 4 - 3 所示为一种混合式脚手架,即桁架与钢管井架结合。这样可以减少立柱数量,并可利用井架输送材料。桁架可以自由升降,以减少翻架时间。

门形框架脚手架的宽度有 1.2m、1.5m、1.6m 和高度为 1.3m、1.7m、1.8m、2.0m 等数种。框架立柱材料均采用 $\phi$38 ~ $\phi$40、厚 3mm 的钢管焊接而成,如图 4 - 4 所示。安装时要特别注意纵横支撑、剪刀撑的布置及其与墙面的拉结,如图 4 - 5、图 4 - 6 所示,以确保脚手架的稳定。

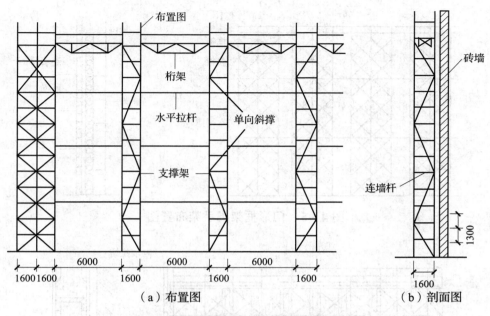

图 4-3　钢管扣件混合式脚手架（mm）

（a）布置图　　　　（b）剖面图

布置图　桁架　水平拉杆　单向斜撑　支撑架　砖墙　连墙杆

6000　6000　6000　1600　1600　1300

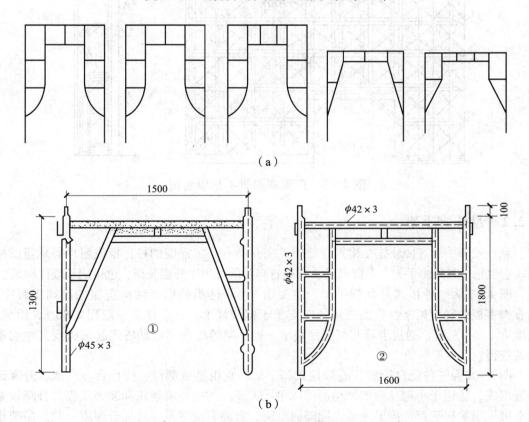

（a）

（b）

图 4-4　门形框架脚手架构造（mm）

1500　1300　φ45×3　①　φ42×3　1800　1600　100　②

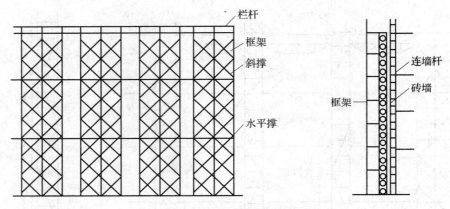

图 4 – 5 门形框架脚手架布置图

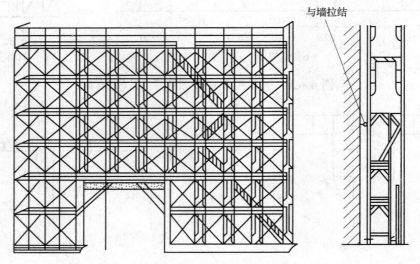

图 4 – 6 门形框架脚手架组装图

## 4.2.2 悬挂脚手架

悬挂式脚手架直接悬挂在建筑物已施工完并具有一定强度的柱、板或屋顶等承重结构上。它也是一种外脚手架，升降灵活，省工省料，既可用于外墙装修，也可用于墙体砌筑。

图 4 – 7 为一种桥式悬挂脚手架，主要用于 6m 柱距的框架结构房屋的砌墙工程中。铺有脚手板的轻型桁架，借助三角挂架支承于框架柱上。三角挂架一般用 L 50 × 5 组成，宽度为 1.3m 左右，通过卡箍与框架柱联结。脚手架的提升则依靠塔式起重机或其他起重设备进行。

图 4 – 8 为一种能自行提升的悬挂式脚手架。它由悬挑部件、操作台、吊架、升降设备等组成，适用于小跨度框架结构房屋或单层工业厂房的外墙砌筑和装饰工程。升降设备通常可采用手扳葫芦，操纵灵活，能随时升降，升降时应尽量保持提升速度一致。吊架也可用吊篮代替。悬挑部件的安装务须牢固可靠，防止出现倾翻事故。

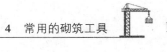

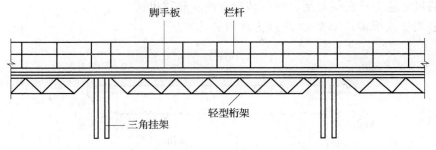

（a）轻型桁架

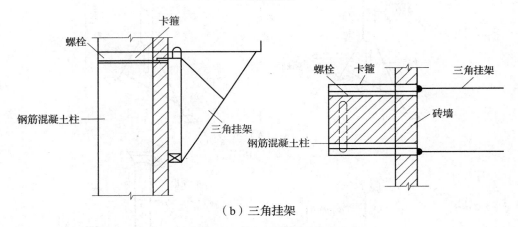

（b）三角挂架

**图 4 – 7 桥式悬挂脚手架**

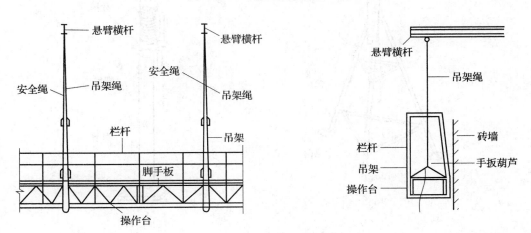

**图 4 – 8 提升式吊架**

## 4.2.3 内脚手架

目前，砖、钢筋混凝土混合结构居住房屋的砌墙工程中，一般均采用内脚手架，即将脚手架搭设在各层楼板上进行砌筑。这样，每个楼层只需搭设两步或三步架，待砌完一个楼层的墙体后，再将脚手架全部翻到上一楼层上去。由于内脚手架装拆比较频繁，因此其结构形式的尺寸应力求轻便灵活，做到装拆方便，转移迅速。

内脚手架形式很多，图4－9所示为常用的几种。

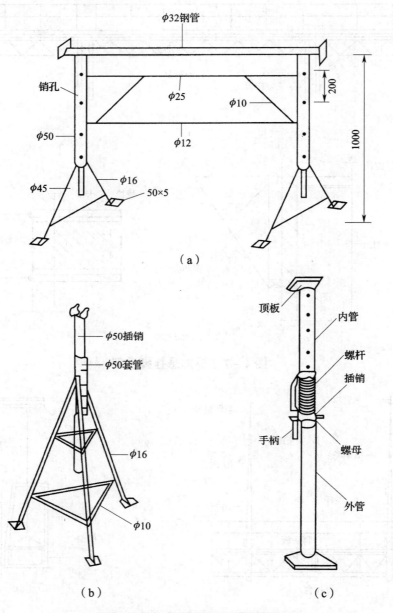

**图4－9　内脚手架形式示例**

图4－9（c）中支柱式脚手架通过内管上的孔与外管上螺杆，可任意调节高度。螺杆上对称开槽，槽口长度与螺杆等长。

安装时，按需要的高度调节内外管的位置，再将螺母旋转到内管孔洞处，用插销通过螺杆槽与内管孔连接即可。

## 4.2.4 脚手架搭设

脚手架的宽度需按砌筑工作面的布置确定。图 4 – 10 为一般砌筑工程的工作面布置图。其宽度一般为 2.05～2.60m，并在任何情况下不小于 1.5m。

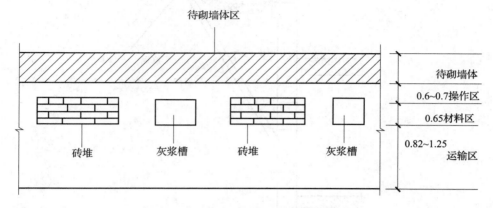

**图 4 – 10 砌砖工作面布置图（m）**

当采用内脚手架砌筑墙体时，为配合塔式起重机运输，还可设置组合式操作平台作为集中卸料地点。图 4 – 11 为组合式操作平台的形式之一。它由立柱架、横向桁架、三角挂架、脚手板及连系桁架等组成。

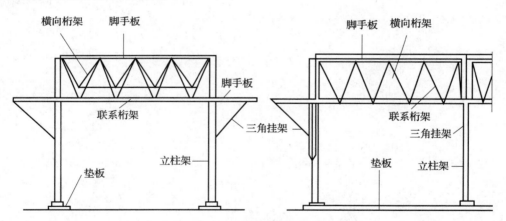

**图 4 – 11 组合式操作平台**

脚手架的搭设必须充分保证安全。为此，脚手架应具备足够的强度、刚度和稳定性。一般情况下，对于外脚手架，其外加荷载规定为：均布荷载不超过 $270kg/m^2$。如果需超载，则应采取相应的措施，并经验算后方可使用。过高的外脚手架必须注意防雷，钢脚手架的防雷措施是用接地装置与脚手架连接，一般每隔 50m 设置一处。最远点到接地装置脚手架上的过渡电阻不应超过 $10\Omega$。

使用内脚手架，必须沿外墙设置安全网，以防高空操作人员坠落。安全网一般多用 $\phi9$ 的麻、棕绳或尼龙绳编织，其宽度不应小于 1.5m。安全网的承载能力不应小于 $160kg/m^2$。图 4 – 12 为安全网的一种搭设方式。

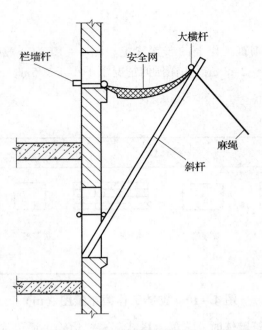

图 4 – 12　安全网搭设方式之一

# 5　常用的砌筑方法

## 5.1　"三一"砌砖法

　　"三一"砌砖法又称铲灰挤砌法，它的基本动作是"一铲灰、一块砖、一挤揉"。具体操作顺序及要领如图 5－1 所示。

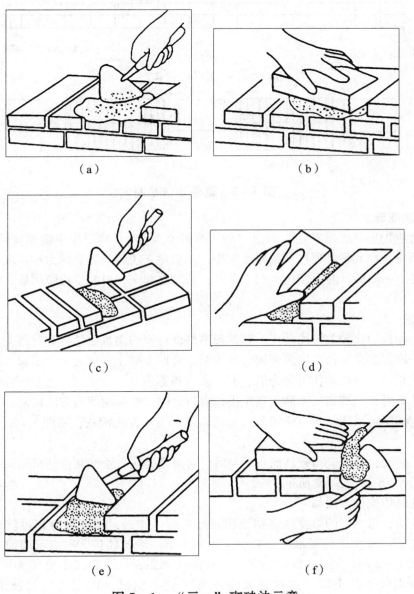

（a）　　　　　　　　　　　　（b）

（c）　　　　　　　　　　　　（d）

（e）　　　　　　　　　　　　（f）

图 5－1　"三一"砌砖法示意

**1. 步法**

操作时，人应顺墙体斜站，左脚在前，离墙约15cm左右，右脚在后，距墙及左脚跟30~40cm。砌筑方向是由前往后退着走，这样操作可以随时检查已砌好的砖是否平直。砌完3~4块顺砖后，左脚后退一大步（70~80cm），右脚后退半步，人斜对墙面可砌筑约50cm，砌完后左脚退半步，右脚退一步，恢复到开始砌砖时部位。如此反复上述步法继续砌砖，如图5-2所示。

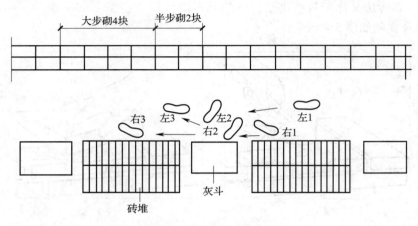

图5-2　砌筑步法平面

**2. 铲灰取砖**

铲灰时应先用铲底摊平砂浆表面（便于掌握吃灰量），然后用手腕横向转动来铲灰，减少手臂动作，取灰量要根据灰缝厚度大小，以满足一块砖的需要量为准。取砖时应随拿砖随挑选好下一块砖。左手拿砖，右手拿灰，同时拿起来，以减少弯腰次数，争取砌筑时间。

**3. 铺灰**

铺灰是砌筑中比较关键的动作，如掌握不好就会影响砌筑质量，有时落灰点不准还需用铲刮平，增加多余动作。铺灰可用方形大铲或桃形大铲，方形大铲的形状、尺寸与砖面的铺灰面积相似。铺灰动作可分为甩、溜、丢、扣等。

在砌顺砖时，当墙砌得不高而且距操作者较远时，可采用溜灰方法铺灰；当墙砌得较高，近身砌砖时可采用扣灰方法铺灰；还可以采用甩灰方法铺灰，如图5-3~图5-5所示。

在砌丁砖时，当墙砌得较高而且近身时，可采用丢灰方法铺灰；还可以采用扣灰方法铺灰，如图5-6和图5-7所示。

铺灰的具体操作方法如下：

用甩浆法，甩出浆的厚度使摊铺面积正好能砌一块砖，不要铺得超过已砌完的砖太多，否则先铺的灰由于砖吸水分会变稠，不利于下一块砖揉挤。砌清水墙铺灰时约比一块砖长余出1~2cm，宽8~9cm，灰口要缩进外墙2cm。铺好灰不要用大铲来回扒拉，或用铲角抠点灰去打头缝，这样容易造成水平缝不饱满。砌完砖应将灰缝缩入墙内10~12mm，即所说砌缩口灰，砂浆不铺到边，以便预留出勾缝深度。

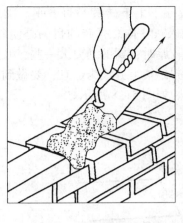

图 5-3　砌顺砖溜灰

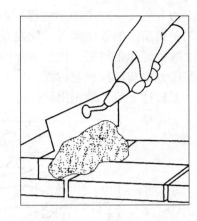

图 5-4　砌丁砖扣灰

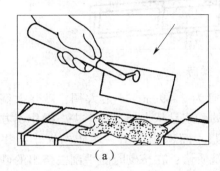

（a）

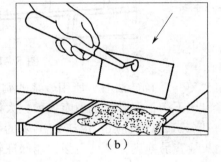

（b）

图 5-5　砌顺砖甩灰

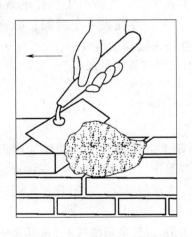

图 5-6　砌丁砖丢灰

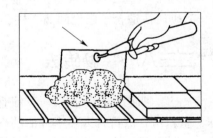

图 5-7　砌顺砖扣灰

不论采用哪一种铺灰动作，都要求铺出的灰条近似砖的外形，长度比一块砖稍长 1~2cm，宽 8~9cm，灰条与墙面距离约 2cm，并与前一块砖的灰条相接。

**4. 揉砖**

左手拿砖在已砌好的砖前 3~4cm 处开始平放推挤，并用手轻揉。在揉砖时，眼要上边看线，下边看墙皮，左手中指随即同时伸出，摸一下上下砖棱是否齐平。砌好一块砖后，随即用铲将挤出的砂浆刮回，放在竖缝中或投入灰斗内。揉砖的目的是使砂浆饱满。铺在砖面上的砂浆如果较薄，揉的劲要小些；砂浆较厚时，揉的劲要大一些，并且根据已铺好的砂浆位置要前后揉或左右揉。总之以揉到下齐砖棱上齐线为适宜，要做到平齐、轻放、轻揉。当砖揉好后，禁止用铲在砖上再敲几下。如图 5 - 8 所示。

图 5 - 8　揉砖

采用"三一"砌砖法时，所用砂浆的稠度宜为 7 ~ 9cm。不能太稠，砂浆太稠不易揉砖，竖缝也填不满；但砂浆也不能太稀，太稀的砂浆易从大铲上滑下去，操作不方便。

"三一"砌砖法的优点：由于铺出来的砂浆，面积相当于一块砖的大小，并随即揉砖，因此灰缝容易饱满，黏结力强，能保证砌筑质量；在挤砌时随手刮去挤出的砂浆，使墙面保持清洁。

"三一"砌砖法的缺点：这种操作方法一般是个人单干，发挥分工协作的效能较差；操作时取砖、铲灰、铺灰、转身、弯腰等烦琐动作较多，要耗去一定时间，影响砌筑效率。因而常用 2 铲灰砌 3 块砖或 3 铲灰砌 4 块砖的办法来提高砌筑效率。

"三一"砌砖法适合于砌窗间墙、柱、垛、烟囱筒壁等较短的部位。

## 5.2　"二三八一"砌砖法

"二三八一"砌砖法是在"三一"砌砖法的基础上，将各种最佳动作加以汇总、简化、提炼，重新组合成符合人体生理活动规律的砌砖动作，即两种步法、三种身法、八种铺灰手法、一种挤揉动作。这种砌砖法促使砌砖动作实现科学化、标准化，从而达到了降低劳动强度，提高砌筑质量和效率的目的。

灰槽的安放应由墙角开始，第一个灰槽离墙角 0.8m，其余灰槽按 1.5m 间距安放，灰槽之间放置双列排砖，要求排列整齐。门、窗口处可不放料，灰槽位置相应退出门、窗框 0.8m。材料与墙之间留出约 0.5m 的走道，砖和灰槽布置如图 5 - 9 所示。

**1. 步法**

砌砖采取后退砌法。开始砌筑时，人斜站成丁字步，后腿靠近灰槽，稍一弯腰就可完成铲灰动作。按丁字步迈出一步，可砌 1m 长的墙。砌至近身，前腿后退半步，成并列步正面对墙，又可砌50cm长的墙。砌完后将后腿移至另一灰槽边，复而又成丁字步，重新完成如上动作。砌筑步法平面同"三一"砌砖法。

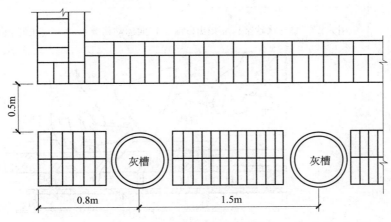

**图5-9  砖和灰槽平面布置**

**2. 身法**

身法主要指砌砖弯腰动作，分为侧身弯腰、丁字步正弯腰、并列步正弯腰三种动作。铲灰拿砖时用侧身弯腰，利用后腿稍弯，斜肩、垂臂，稍一侧身即可完成铲灰拿砖动作。侧身弯腰使身体形成一个趋势，即利用后腿伸直将身体重心移向前腿，成丁字步正弯腰进行铺灰砌砖，砌至近身前腿后撤，使铲灰→拿砖→侧身弯腰→转身成并列步→正弯腰进行铺灰砌砖，身体重心还原。

**3. 铺灰手法**

砌顺砖时，采用"甩、扣、泼、溜"四种手法；砌丁砖时，采用"扣、溜、泼、一带二"四种手法，见表5-1。

**表5-1  铺灰手法**

| 步骤 | | 内容及图示 |
|---|---|---|
| 砌顺砖时手法 | 甩 | 用大铲铲取均匀条状砂浆，提升到砌筑部位，将铲转90°（手心向上），顺砖面中心甩出，使砂浆拉长均匀落下 |

续表 5-1

| 步骤 | | 内容及图示 |
|---|---|---|
| 砌顺砖时手法 | 扣 | 用大铲铲取条状砂浆，反扣出砂浆，铲面运动路线与"甩"正好相反，手心向下 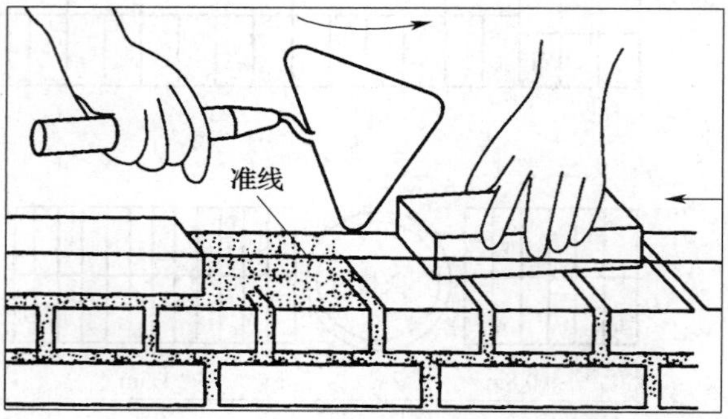 |
| | 泼 | 用大铲铲取扁平状砂浆，提取到砌筑面上将铲面翻转，手柄在前，平行向前推进，泼出砂浆 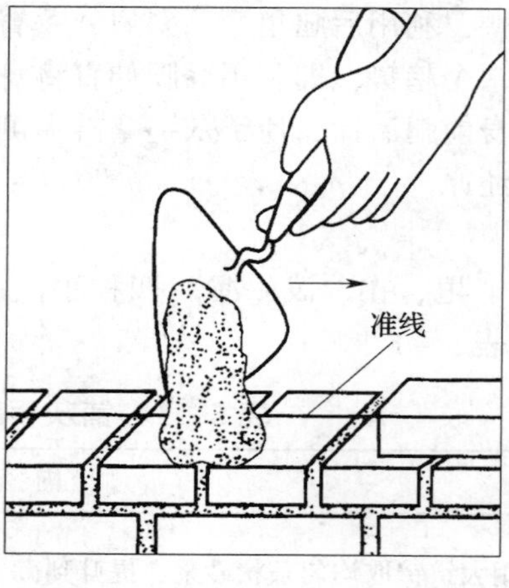 |
| | 溜 | 用大铲铲取扁平状砂浆，将铲送到墙角部位，比齐墙边抽铲落浆 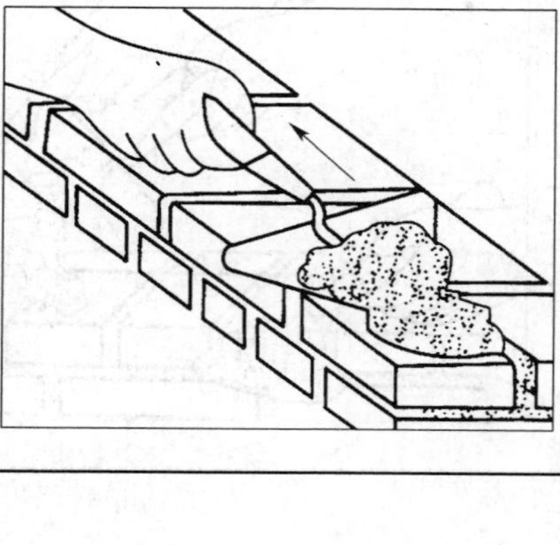 |

续表 5 – 1

| 步骤 | | 内容及图示 |
|---|---|---|
| 砌丁砖时手法 | 扣 | 用大铲铲取砂浆时前部略低，扣在砖面上的砂浆是外口稍厚一些 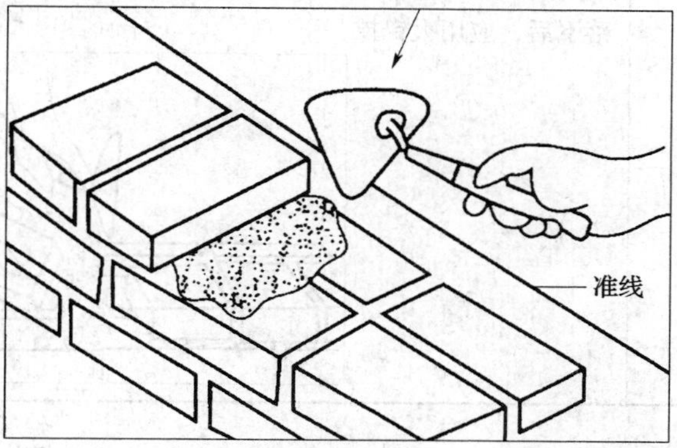 |
| | 溜 | 用大铲铲取扁平状砂浆，铺灰时将手臂伸过准线，铲边比齐墙边，抽铲落浆 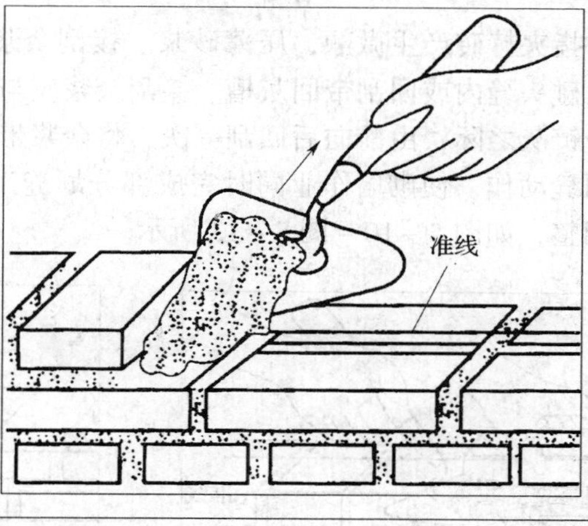 |
| | 泼 | 用大铲铲取扁平状砂浆，泼灰时落灰点向里移动 20mm，挤浆后成深 10mm 左右的缩口缝 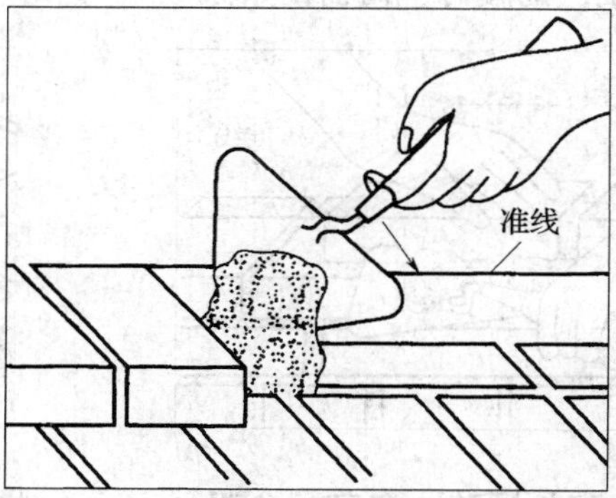 |

续表 5－1

| 步骤 | | 内容及图示 |
|---|---|---|
| 砌丁砖时手法 | 一带二 | 用大铲铲取砂浆，大铲即将向下落灰前，右手持砖伸到落灰的位置，当砂浆向下落时，砖顺面的一端也落上少许砂浆，这样砖放到的位置便有了碰头灰。砂浆落下后，应用大铲摊一下<br><br>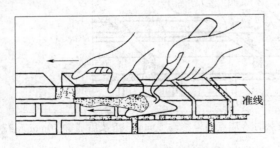 |

**4. 挤揉**

挤浆时将砖落在砖长（宽）约 $\frac{2}{3}$ 砂浆条处，平摊高出灰缝厚度的砂浆，推挤入竖缝内。挤浆时用手指夹持砖产生微颤，压薄砂浆。接刮余浆的大铲应随挤浆方向由后向前，随后把余浆甩入碰头缝内或回刮带回灰槽。接刮余浆应与挤浆同时完成。余浆有时一次刮不净，可在转身铲灰之际，由前向后回刮一次，将余浆带回灰槽。若砌清水墙，则回刮动作改为用铲边划缝动作，使砌墙作业同时完成部分划缝工作。随时检查砖下棱对齐情况，如有偏差及时调整，如图 5－10～图 5－13 所示。

图 5－10　挤浆、砌顺砖、向前刮余浆

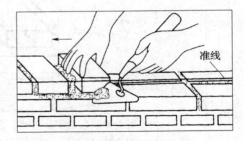

图 5－11　挤浆、砌丁砖、向前刮余浆

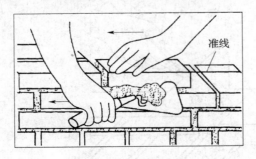

图 5－12　砌外顺砖、向前刮余浆

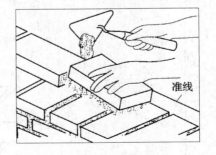

图 5－13　将余浆甩入碰头缝内

## 5.3 铺灰挤砌法

铺浆法是采用铺灰工具，先在墙面上铺砂浆，然后将砖浆压紧砂浆层，并推挤黏结的一种砌砖方法。

当采用铺浆法砌筑时，铺浆长度不得超过 750mm，施工期间气温超过 30℃ 时，铺浆长度不得超过 500mm。铺浆挤砌法分为单手和双手两种挤浆方法。

**1. 单手挤浆法**

一般铺灰器铺灰，操作者应沿砌筑方向退着走。砌顺砖时，左手拿砖距前面的砖块 5~6cm 处将砖放下，砖稍稍蹭灰面，沿水平方向向前推挤，把砖前灰浆推起作为立缝隙处砂浆（俗称挤头缝），并用瓦刀将水平灰缝挤出墙面的灰浆刮清甩填于立缝内。如图 5-14 所示。

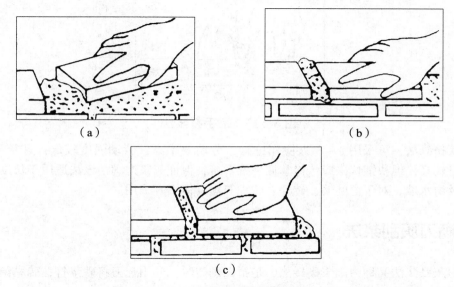

（a）　　　　　　　　　　（b）

（c）

**图 5-14　单手挤浆法**

当砌顶砖时，将砖擦灰面放下后，用手掌横向往前挤，挤浆的砖口略倾斜，用手掌横向往前挤，到将接近一指缝时，砖块略向上翘，以便带起灰浆挤入立缝内，将砖压到与准线平齐为止，并将内外挤出的灰浆刮净，甩填于立缝内。

当砌墙的内侧顺砖时，应将砖由外向里靠，水平向前挤推。这样立缝处砂浆容易饱满，同时用瓦刀将反面墙水平缝挤出的砂浆刮起，甩填在挤砌的立缝内。挤浆砌筑时，手掌要用力，使砖与砂浆密切结合。

**2. 双手挤浆法**

双手挤浆法的操作方法基本与单手挤浆法相同，但它的要求与难度要更高一些。砌墙时，无论向哪个方向砌，都要把靠墙的一只脚固定站稳，脚尖稍稍偏向墙边，另一只脚同时向后斜方向踏出约半步，使两脚很自然地成丁字形；人体略向一侧倾斜，这样转身拿砖，挤砌和看棱角都较灵活方便。拿砖时，靠墙的一只手先拿，另一只手跟着上去，也可双手同时取砖；两眼要迅速查看砖的边角，将棱角整齐的一边先砌在墙的外侧；取砖和选砖几乎同时进行。为此操作必须熟练，无论是砌丁砖还是顺砖，靠墙的一只手先挤，另一只手迅速跟着挤砌，其他操作方法与单手挤浆法相同。如图5-15所示。

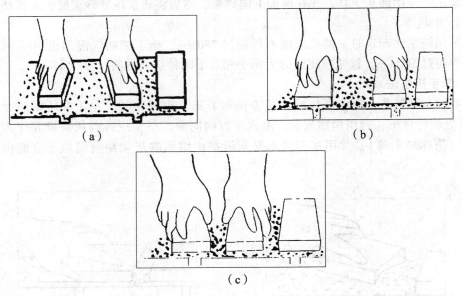

（a）　　　　　　　　（b）

（c）

**图5-15　双手挤浆法**

铺浆挤砌法，可采用2～3人协作进行，劳动效率高，劳动强度较低，且灰缝饱满，砌筑质量较高，但快铺快砌应严格掌握平推平挤，保证灰浆饱满。该法适用于长度较大的混水墙及清水墙，对于窗间墙、砖垛、砖柱等短砌体不宜采用。

## 5.4　满刀灰刮浆法

满刀灰刮浆法又称为刮浆砌砖法，是指在砌砖时，先用瓦刀将砂浆打在砖黏结面上和砖的灰缝处，然后将砖用刀按在墙上的方法。

刮浆法有两种手法，一种是刮满刀灰，将砖底满抹砂浆；另一种是将砖底四边刮上砂浆，而中间留空，此种方法因灰浆不易饱满，易降低砌体强度。故砌砖时一般应采用满刀灰刮浆法，如图5-16所示。

刮浆法具体操作方法：通常使用瓦刀，操作时右手拿瓦刀，左手拿砖，先用左手正手拿砖，用瓦刀把砂浆刮在砖的侧面，然后再以左手反手拿砖用瓦刀抹满砖的大面，并在另一侧刮上砂浆，要刮布均匀，中间不要留有空隙，四周可以稍厚一些，中间稍薄些。与墙上已砌好的砖接触的头缝即碰头灰也要刮上砂浆。当砖块刮好砂浆后，放在墙上，挤压至准线平齐。如有挤出墙面的砂浆须用瓦刀刮下填于头缝内。

这种方法砌筑的砖墙因砂浆刮得均匀，灰缝饱满，所以砖墙质量较好，但工效较低，通常仅用于铺砌砂浆有困难的部位，如砌平拱、弧拱、窗台虎头砖、花墙、炉灶、空斗墙等。

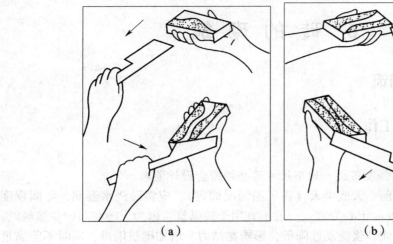
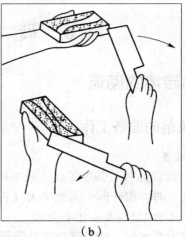

（a）　　　　　　　　　（b）

**图 5 - 16　满刀灰刮浆法**

# 6  砖 的 砌 筑

## 6.1  实心砖墙的砌筑

### 6.1.1  砌筑前的准备工作

**1. 材料准备**

（1）砖。砖的品种、强度等级、规格尺寸等必须符合设计要求。

在常温施工时，砌砖前一天或半天（视气温情况而定），应将砖浇水湿润，湿润程度以将砖砍断时还有 1.5～2cm 干心为宜。一般不宜用干砖砌筑，因为干砖在与砂浆接触时，过多吸收砂浆中的水分，使砂浆流动性降低，影响黏结力，增加砌筑困难，同时不能满足水泥硬化时所需要的水分，影响砌体的强度。用水浇砖还能把砖面上的粉尘、泥土冲掉，有利于砖与砂浆的黏结。但浇水不宜过多，如砖浇得过湿，在表面就会形成一层水膜，这些水膜影响砂浆与砖的黏结，使流动性增大，会出现砖浮滑、不稳和坠灰现象，使灰缝不平整，墙面不平直。冬期施工时，由于砖浇水后会在砖面冻结成冰膜，影响与砂浆的黏结，故一般情况下不宜浇水。

（2）砂子。中砂应提前过 5mm 筛孔的筛。因砂中往往含有石粒，用混有石粒的砂子砌墙，灰缝不易控制均匀，砂浆中的石粒会顶住砖，不能同灰缝同时压缩，造成砖局部受压，容易断裂，影响砌体强度。配制 M5 以下的砂浆，砂的含泥量不超过 10%；M5 以上的砂浆，砂的含泥量不超过 5%。砂中不得含有草根等杂物。

（3）水泥。一般采用 32.5 级的普通硅酸盐水泥或矿渣硅酸盐水泥。

（4）掺合料。指石灰膏、电石膏、粉煤灰和磨细生石灰粉等。石灰膏应在砌筑前一周淋好，使其充分熟化（不少于 7 天）。

（5）其他材料。如拉结钢筋、预埋件、木砖（刷防腐剂）、防水粉、门窗框等。

**2. 工具准备**

砌筑常用的工具，如大铲、瓦刀、砖夹子、靠尺板、筛子、小推车、灰桶、小线等，应事先准备齐全。

**3. 作业条件准备**

作业条件是施工的基础，是直接为操作者服务的，因此应予以足够的重视。

（1）砌筑基础的作业条件。

1）基槽开挖及灰土或混凝土垫层已完成，并经验收合格，办完隐检手续。

2）放好基础轴线和边线，立好皮数杆（一般间距为 15～20m，转角处均应设立），并办完预检手续。

皮数杆是瓦工砌砖的主要依据之一。皮数杆用 5cm×7cm 木方做成，它表示砌体的层数（包括灰缝厚度）和建筑物各种洞口、构件、梁板、加筋等的高度，是竖向尺寸的标志。

皮数杆的划法：在划之前，从进场的各砖堆中抽取 10 块砖样，量出它的总厚度，取其平均值，作为划砖层厚度的依据，再加灰缝厚度，就可划出砖灰层的皮数。常温施工用

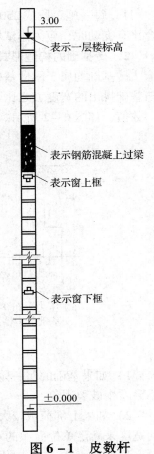

10mm 灰缝厚度，冬季施工用 8mm 灰缝厚度。如果楼层高度与砖层皮数不相吻合时，可从灰缝厚薄来调整。

基础皮数杆是由 ±0.000 标高往下划，到垫层面为止。基础以上部分以 ±0.000 作下端往上划，楼房划到 2 层楼地面标高为止，平房划到前后檐口为止。划完后，在杆上标上 5、10、15…层数，及各种洞口、构件的标高位置，其大致形状如图 6 – 1 所示。

3）根据皮数杆最下面一层砖的标高，拉线检查基础垫层表面标高是否合适。如第一层砖的水平灰缝大于 20mm 时，应先用细石混凝土找平，严禁在砌筑砂浆中掺细石处理或用砂浆垫平，更不允许砍砖找平。

4）检查砂浆搅拌机是否运转正常，后台斗量器具是否齐全、准确。

5）对基槽中的积水，应予排除。

6）砂浆配合比，已经由试验室确定，并准备好砂浆试模。

（2）砌筑墙体的作业条件。

1）完成室外及房心间填土，并安装好暖气沟盖板。

2）办完地基、基础工程的隐蔽检查手续。

3）按标高抹好（铺设完）基础防水层。

4）弹好墙身位置线、轴线、门窗洞口位置线，经检验符合设计图纸要求，并办完预检手续。

5）按标高立好皮数杆，其间距以 15～20m 为宜，并办理预检手续。

**图 6 – 1　皮数杆**

皮数杆立在墙的大角处、内外墙交接处、楼梯间及洞口多的地方。在砌筑时要先检查皮数杆的 ±0.000 与抄平桩上的 ±0.000 是否重合，门和窗口上下标高是否一致，各皮数杆 ±0.000 标高是否在同一水平上，所有应立皮数杆的操作部位是否都立了等，检查合格后才能砌砖。

6）在熟悉图纸的基础上，要弄清已砌基础和复核的轴线、开间尺寸、门窗洞口位置是否与图纸相符；墙体是清水墙还是混水墙；轴线是正中还是偏中；楼梯与墙体的关系，有无圈梁及阳台挑梁；门窗过梁的构造等。

7）砂浆配合比已由试验室做好试配，准备好砂浆试模。

## 6.1.2　砖基础砌筑

### 1. 砂浆的拌制

1）砂浆的配合比应采用质量比，水泥称量精度应控制在 ±2% 以内；砂、石灰膏、电石膏、粉煤灰和磨细生石灰粉等做称量精度控制在 ±5% 以内。

2）砂浆应采用机械拌和，先倒砂子、水泥、掺合料，最后倒水。拌和时间不得少于 1.5min。

3）砂浆应随拌随用，对于水泥砂浆或水泥混合砂浆，必须在砂浆拌制后的 3～4h 内使用完毕。

4）每一施工段或 250m³ 砌体，每种砂浆应制作三组（9）试块，如砂浆强度等级或配合比有变动时，应另作试块。

**2．砖基础的构造形式**

砖基础均属于刚性基础，即抗压强度较高，抗拉强度较低，因此要求基础的高度 $H$ 与基础挑出的宽度 $L$ 之比不小于 1.5 ~ 2.0（即 $H/L \geqslant 1.5 ~ 2.0$），也就是说 $\alpha$ 角不小于某一数值，如图 6-2 所示。$\alpha$ 角称为刚性角或压力分布角。

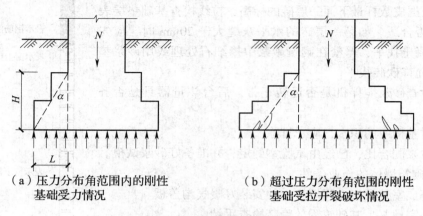

（a）压力分布角范围内的刚性　　　　　（b）超过压力分布角范围的刚性
　　　基础受力情况　　　　　　　　　　　　基础受拉开裂破坏情况

**图 6-2　砖基础压应力分布**

1）如果基础的每一阶梯都能满足上面所说的刚性要求，则在强度上才能得到保证，不会发生破裂现象。

2）如果上部荷载较大，而地基承载能力又很弱时，采用刚性基础就需要加大基础底面宽度来满足单位面积的承压力，但由于受高宽比的限制，势必要将基础做得很大、很厚，这样会给施工带来很多困难。如果基础不加高，只增加宽度（即加宽基础两翼宽度），由于两翼宽度超过了压力分布角的范围，就会在地基反力作用下，使两翼向上弯翘起，造成基础底部受拉而开裂，见图 6-2（b）。在这种情况下，再采用刚性基础已不能确保工程质量，因此必须考虑采用抗拉和抗压强度都较好的柔性基础，如钢筋混凝土基础。所以砖基础必须采用阶梯形式，又称"大放脚"。

3）砖基础大放脚一般采用等高式或间隔式，如图 6-3 所示。

①等高式大放脚每二皮一收，每次收进 $\frac{1}{4}$ 砖（60mm），其 $H/L = 360/180 = 2$，如图 6-3（a）所示。

②间隔式大放脚是第一个台阶二皮一收，第二个台阶一皮一收，每次收进 $\frac{1}{4}$ 砖（60mm），其 $H/L = 360/240 = 1.5$，如此循环变化，如图 6-3（b）所示。

**3．砖基础的组砌方法**

1）砖基础组砌，一般采用一顺一丁砌法。

2）砌筑必须里外咬槎或留踏步槎，上下层错缝。

3）基础大放脚的撂底尺寸及收退方法，必须符合设计要求。常见的排砖撂底方法，如图 6-4 ~ 图 6-7 所示。

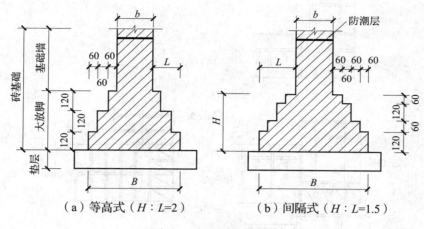

（a）等高式（$H:L=2$）　　　　（b）间隔式（$H:L=1.5$）

**图 6 – 3　砖基础形式**

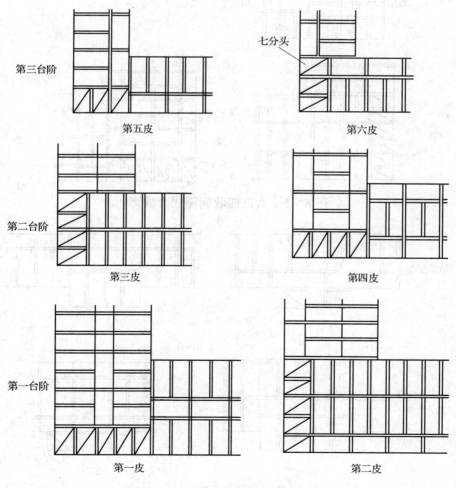

**图 6 – 4　六皮三收等高式大放脚**

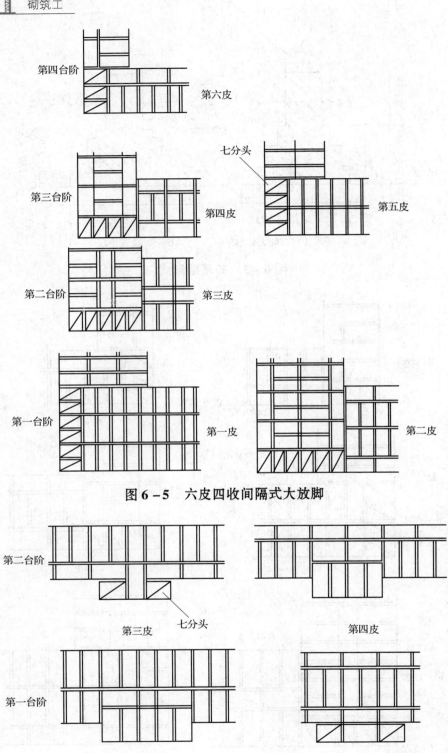

**图 6 – 5　六皮四收间隔式大放脚**

**图 6 – 6　墙身附墙垛大放脚**

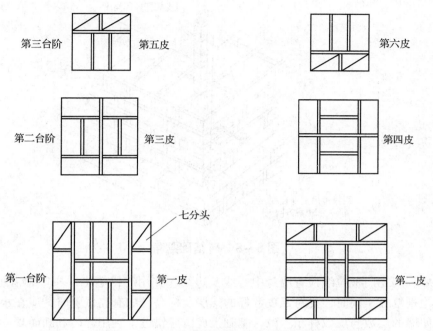

图 6 – 7　砖方柱六皮三收等高式大放脚

**4. 排砖摆底**

排砖就是按照基底尺寸和已定的组砌方式，不用砂浆，把砖在一段长度内整个干摆一层，排砖时考虑竖直灰缝的宽度，要求山墙摆成丁砖，檐墙摆成顺砖，即所谓"山丁檐跑"。

因为设计尺寸是以 100 为模数，砖是以 125 为模数，两者是有矛盾的，这个矛盾要通过排砖来解决。在排砖中要把转角、墙垛、洞口、交接处等不同部位排得既合砖的模数，又合乎设计的模数，要求接槎合理、操作方便。排砖是通过调整竖缝大小来解决设计模数和砖模数的矛盾的。

排砖结束后，用砂浆把干摆的砖砌起来，就叫摆底。对摆底的要求，一是不能够使排好的砖的平面位置走动，要一铲灰一块砖的砌筑；二是必须严格与皮数杆标准砌平。偏差过大的应在准备阶段处理完毕，但 1cm 左右的偏差要靠调整砂浆灰缝厚度来解决。所以必须先在大角处按皮数杆砌好，拉紧准线，才能使摆底工作全面铺开。

排砖摆底工作的好坏影响到整个基础的砌筑质量，必须认真做好。

**5. 砌筑**

1）砌筑前，垫层表面应清扫干净，洒水湿润，然后再盘角。即在房屋转角、大角处先砌好墙角。每次盘角高度不得超过 5 皮砖，并用线锤检查垂直度，同时要检查其与皮数杆的相符情况，如图 6 – 8 所示。

2）垫层标高不等或局部加深时，应从最低处往上砌筑，并应经常拉通线检查，保持砌体平直通顺，防止砌成"螺丝墙"。

3）收台阶。基础大放脚收台阶时，每次收台阶必须用卷尺量准尺寸，中间部分的砌筑应以大角处准线为依据，不能用目测或砖块比量，以免出现偏差。收台阶结束后，砌基

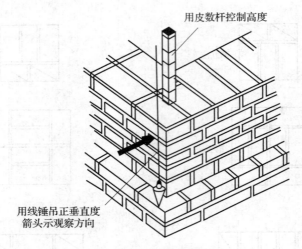

用皮数杆控制高度

用线锤吊正垂直度
箭头示观察方向

**图 6 - 8　砖基础盘角**

础墙前，要利用龙门板拉线检查墙身中心线及边线，并用红铅笔将"中"画在基墙侧面，以便随时检查复核。同时，要对照皮数杆的砖层及标高，如有高低差时，应在水平缝中逐渐调整，使墙的层数与皮数杆一致。基础大放脚应错缝，利用碎砖和断砖填心时，应分散填放在受力较小的不重要部位。

4）基础墙的墙角，每次砌筑高度不超过 5 皮砖，随盘角随靠平吊直，以保证墙身横平竖直。砌墙应挂通线，24cm 墙单面挂线，37cm 墙以上应双面挂线。

5）沉降缝、防震缝两边的墙角应按直角要求砌筑。先砌的墙要把舌头灰刮尽，后砌的墙可采用缩口灰的方法。掉入缝内的砂浆和杂物应随时清除干净。

6）基础墙上的各种预留孔洞、埋件、接槎的拉结筋应按设计要求留置，不得事后开凿。

7）承托暖气沟盖板的挑檐砖及上一层压砖，均应用丁砖砌筑。主缝碰头灰要打严实，挑檐砖层的标高必须准确。

8）基础分段砌筑必须留踏步槎，分段砌筑的相差高度不得超过 1.2m。

9）基础灰缝必须密实，以防地下水的浸入。

10）各层砖与皮数杆要保持一致，偏差不得大于 ±10mm。

11）管沟和预留孔洞的过梁，其标高、型号必须安放正确、座灰饱满。如座灰厚度超过 20mm 时应用细石混凝土铺垫。

12）地圈梁底和构造柱侧应留出支模用的"串杠洞"，待拆模后再进行补堵严实。

**6. 抹防潮层**

1）基础防潮层应在基础墙全部砌到设计标高后才能施工，最好能在室内回填土完成以后进行。

2）防潮层应作为一道工序来单独完成，不允许在砌墙砂浆中添加防水剂进行砌砖来代替防潮层。

3）防潮层所用砂浆一般采用 1:2 水泥砂浆，加水泥含量 3% ~5% 的防水剂搅拌而成。如使用防水粉，应先把粉剂搅拌成均匀的稠浆后添加到砂浆中去。

4）抹防潮层时，应先将墙顶面清扫干净，浇水湿润。在基础墙顶的侧面超出水平标高线，然后用直尺夹在基础墙两侧，尺上平按平线找准，然后摊铺砂浆，一般 20mm 厚，待初凝后再用木抹子收压一遍，做到平、实，表面不光滑。

**7. 砖基础施工安全注意事项**

1）基础砌筑前必须仔细检查基槽（基坑），如有塌方危险或支撑不牢固，要采取可靠措施。施工过程中要随时观察周围土层情况，发现裂缝或其他不正常情况时，应立即离开危险地点，采取必要措施后才能继续施工。基槽外侧 1m 以内严禁堆放物品，以免妨碍观察。人进入槽内工作应有踏步或梯子。

2）当采用搭设运输道运送材料时，要随时观察基槽（坑）内操作人员，以防高空砖块等跌落伤人。基槽深度超过 1.5m 时，运送材料要使用机具或溜槽。

3）其他应按有关规范执行。

## 6.1.3　砖墙砌筑

**1. 墙体组砌方式**

1）砖墙砌体一般采用一顺一丁、梅花丁、三顺一丁砌法。不采用五顺一丁砌法，砖柱不得采用先砌四周后填心的包心砌法。

2）接头方式：组砌形式确定以后，接头形式也随之而定，采用一顺一丁形式组砌的砖墙的接头形式，如图 6-9~图 6-11 所示。

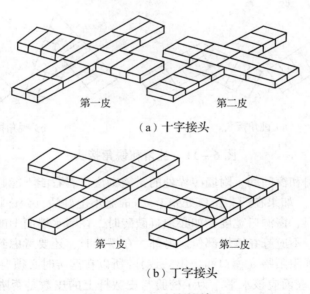

（a）十字接头

（b）丁字接头

**图 6-9　一砖墙的接头**

**2. 排砖撂底**

1）在基础墙面防潮层上或楼板上弹出墙身线，划出门洞口尺寸线，当砌清水墙时，还须划出洞口的位置，在摆砌中同时将窗间墙的竖缝分配好。

2）在砌筑之前都要进行摆砖。在整个房屋外墙的长度方向放上卧砖，排出灰缝宽度（约 1cm），从一个大角摆至另一个大角。一般采用山端放丁砖、檐墙放顺砖，即俗称为"山丁檐跑"的方式。

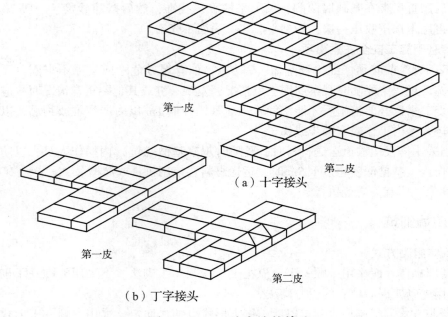

（a）十字接头

（b）丁字接头

**图 6－10　一砖半墙的接头**

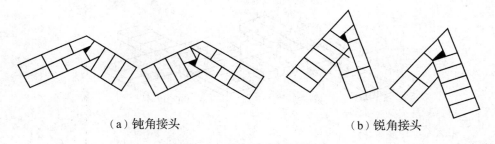

（a）钝角接头　　　　　　（b）锐角接头

**图 6－11　钝角和锐角接头**

在摆砖时注意门和窗间墙、附墙砖垛处的错缝砌法，看看能不能赶上好活（即排成砖的模数，不打破砖）。如果在门、窗口处差 1～2cm 赶不上好活，允许将门窗移动 1～2cm，凑一下好活。根据门、窗洞口宽度，如必须打破砖时，在清水墙面上的破活最好赶在窗口上下不明显的地方，不应赶在墙垛部位。另外，在摆砖时，还要考虑到在门、窗口两侧的砖要对称，不得出现阴阳膀（窗口两边不一致），所以在摆砖时必须要有一个全盘计划。

3）防潮层的上表面应该水平。为了校验与皮数杆上的皮数是否吻合，所以也要通过撂底找正标高。如果水平灰缝太厚，一次找不到标高，可以分次分皮逐步找到标高，争取在窗台口甚至窗上口达到皮数杆规定标高，但四周的水平缝必须在同一水平线上。

**3. 选砖**

砌清水墙应选择棱角整齐、无弯曲裂纹、颜色均匀、规格基本一致的砖。敲击时声音响亮，焙烧过火变色、变形的砖可用在不影响外观的内墙上。

**4. 盘角**

在摆砖（撂底）后，要先将建筑物两端的大角砌起来（俗称盘角），作为墙身砌筑挂线的依据。

盘角时一般先盘砌 5 皮大角，要求找平、吊直，跟皮数杆灰缝一致。砌筑大角时要挑选平直方整的砖。用七分头搭接错缝进行砌筑，使大角竖缝错开。为了使大角砌筑垂直，对开始砌筑的几皮砖，一定要用线坠与靠尺板（托线板）将大角校直，作为以后砌筑时向上引直的依据。标高与皮数的控制要与皮数杆相符合。大角是砌筑墙身的关键，因此从一开始砌筑时就必须认真对待。

**5. 挂线**

在砖墙的砌筑中，为了确保墙面的垂直平整，必须要挂线砌筑，如图 6 - 12 所示。当一道长墙两端墙角依靠线坠、靠尺板砌起一定高度时，中间部分的砌筑主要是依靠挂线，一般一砖厚墙采用单面外手挂线，一砖半墙就必须双面挂线。

挂线时，两端必须将线拉紧。线挂好后，在墙角处用别线棍（小竹片或 22 号铅丝）别住，如图 6 - 12（a）所示，防止线陷入灰缝中。在砌墙过程中要经常穿平，检查有没有顶线或塌腰的地方。为了避免挂线较长中部下垂，可用砖将线垫平直，如图 6 - 12（b）所示，俗称"腰线砖"。当线平直无误后才能砌筑。

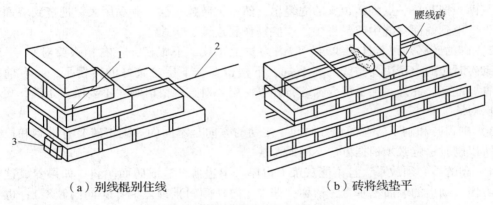

（a）别线棍别住线　　　　　　　　　（b）砖将线垫平

**图 6 - 12　挂线方法**

1—别线棍；2—挂线；3—简易挂线坠

还有一种挂线方法，不用坠线，俗称拉立线，一般是砌内隔墙时用。在拴立线时，应先检查预留槎子是不是垂直。根据拴好的垂直线拉水平线。水平线的两端要用立线的里侧往外兜拴牢，两端拴的水平线要与砖缝一致，不得错层造成偏差。挂立线方法如图 6 - 13 所示。

挂线虽然是砌墙的依据，但是准线有时也会受风或其他因素的影响偏离正确位置，所以在砌砖时要经常检查，发现有偏离时要及时纠正。同时在砌筑中要学会"穿墙"，即穿看下面已砌好的墙面，找准就砖位置。这种操作技术需要在砌筑实践中不断熟练提高。

**6. 砌砖的基本操作**

规范规定，砌筑实心砖砌体宜采用"三一"砌筑法。所谓"三一"砌筑法，就是采用一铲灰、一块砖、一挤揉的砌法，也叫满铺满挤操作法。根据其操作顺序，现把操作要领分述如下：

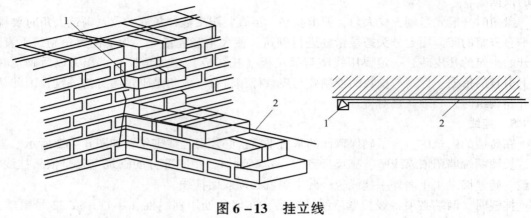

图 6 – 13　挂立线

1—立线；2—水平线

1）砌砖前先做好调灰、选砖、检查墙面等工作。操作时右手拿铲、左手拿砖，当用大铲从灰浆桶中舀起一铲灰时，左手顺手取一块砖，右手把灰铺在墙上后，左手将砖稍稍蹭着灰面，把灰挤一点到砖顶头的立缝里，然后把砖揉一揉，顺手用大铲把挤到墙面上的灰刮下，甩到前面立缝中或灰桶中。这些动作要连续、快速。

2）砌的砖必须跟着挂的线走。俗语为"上跟线，下跟楞，左右相跟要对平。"就是说，砌砖时砖的上楞边要与线约离 1mm，下楞也要与下层已砌好的砖楞平，左右前后的砖位置要准确。此外，上下层要错缝，相隔一层要对直，俗语叫"不要游丁走缝，更不能上下层对缝"。

3）砌顺砖和砌丁砖在铺灰方向的手使劲的方向是不同的。砌丁砖又有推砌和拉砌两种，所以砌时手腕必须根据方向不同而变换。

4）砌的砖必须放平，且不能灰浆半边厚、半边薄，造成砖面倾斜。如果养成这种不好的习惯，砌出的墙面不垂直，俗称"张"（向外倾斜）或"背"（向内倾斜）；也有出现墙虽垂直，但每层砖出一点马蹄楞，使墙面不美观。同时砌完一块砖后要看看它砌得是否平直，灰缝是否均匀一致，砖面是否冒出小线，拱出小线，是否低于小线及凹进小线太多，有了偏差要及时纠正。

墙砌起一步架，要用靠尺板全面检查一下垂直、平整。在砌筑中一般是三层用线坠吊一吊、直不直，五层用靠尺板靠一靠墙面垂直平整，俗话叫"三层一吊，五层一靠"。

5）砌筑中还要学会选砖。尤其是清水墙面，砖面的选择很重要。当一块砖拿在手中，用掌根支起转一下，看哪一面整齐，美观即砌在外侧。有经验的老工人一般在取一块砖时，就把下一步砌的两块砖已看好，选在眼里，哪块砖应用在什么地方，取砖时都做了安排，所以取砖时得心应手，能砌出整齐美观的墙面。

6）砌好的墙不能砸。如果墙面有鼓肚，用砸砖的办法把墙面砸平整，这对墙的质量没有好处，而且这也不是应有的操作习惯。发现墙面有大的偏差应该拆了重砌，才能保证质量。

7）在操作中还要掌握一块砖用多少灰浆就舀多少，不要铺得超过砖长太多，多了还要铲掉，反而减慢了速度。此外，铺了灰不要再用铲来回扒，或用铲角抠一点灰去打碰头缝，这种手法容易造成灰浆不饱满；砌完的砖不要用大铲去敲打。这些要求称为"严禁扒、拉、凿"。

**7. 墙身砌筑工艺**

（1）大角的砌筑。大角处的1m范围内，要挑选方正和规格较好的砖砌筑，砌清水墙时尤其要如此。大角处用的"七分头"一定要棱角方正、打制尺寸正确，一般先打好一批备用，将其中打制尺寸较差的用于次要部位。开始时先砌3～5皮砖，用方尺检查其方正度，用线坠检查其垂直度。当大角砌到1m左右高度时，应使用托线板认真检查大角的垂直度，再继续往上砌筑。操作中要用眼"穿"看已砌好的角，根据三点共一线的原理来掌握垂直度。另外，还要不断用托线板来检查垂直度。砌大角的人员应相对固定，避免因操作者手法的不同而造成大角垂直度不稳定的现象。砌墙砌到翻架子时（由下一层脚手架翻到上一层脚手架砌筑时），特别容易出现偏差。这时候要加强检查工作，随时纠正偏差。

（2）门窗洞口的砌筑。门窗安装方法有"先立口"和"后塞口"两种方法。

1）"先立口"方法，是先立门框或窗框，再砌墙。采用"先立口"方法时，先立框的门窗洞口，必须与框相距10mm左右砌筑，如图6-14所示，不要与木框挤紧，造成门框或窗框变形。

2）"后塞口"方法，是先砌墙，后安门窗。后立木框的洞口应按尺寸线砌筑。在砌筑时要根据洞口高度在洞口两侧墙中设置防腐木拉砖，如图6-15所示，洞口高度2m以内，两侧各放置三块木拉砖，放置部位距洞口上、下边4皮砖，中间木砖均匀分布。木拉砖宜做成燕尾状，并且小头在外，这样不易拉脱。金属等门窗则按图埋入铁件或采用紧固件等，其间距一般不宜超过600mm，离上、下洞口边各三皮砖左右。洞口上、下边同样设置铁件或紧固件。

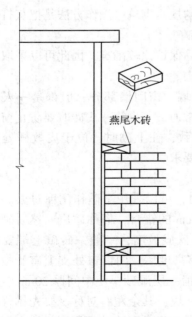

图6-14　先立木门口做法

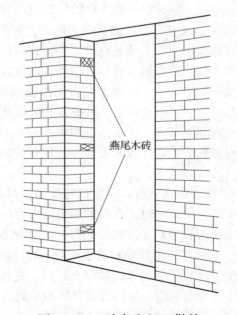

图6-15　后塞木门口做法

3) 推拉门、金属门窗不用木砖。其做法各地不同，有的按设计要求砌入铁件，有的预留安装孔洞，这些均应按设计要求预留，不得事后剔凿。墙体抗震拉结筋的设置、钢筋规格、数量、间距均应按设计要求留置，不应错放、漏放。

当墙砌到窗洞标高时，须按尺寸留置窗洞，然后再砌窗洞间的窗间墙，还要进行砌筑窗台、窗顶发砖碹或安放钢筋混凝土过梁等操作。

①窗台砌筑：窗台分出砖檐（又称出平砖）和出虎头砖两种砌法，如图6-16所示。

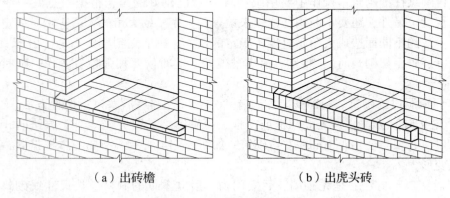

（a）出砖檐 　　　　　　　　　　　（b）出虎头砖

**图6-16 砖窗台的形式**

出砖檐的砌法是在窗台标高下一层砖，根据分口线把两头砖砌过分口线6cm，挑出墙面6cm，砌时把线挂在两头挑出的砖角上。砌出檐砖时，立缝要打碰头灰。

出虎头砖的砌法是在窗台标高下两层砖就要根据分口线将两头的陡砖（侧砖）砌过分口线10～12cm，并向外留2cm的泛水，挑出墙面6cm。窗口两头的陡砖砌好后，在砖上挂线，中间的陡砖以一块丁砖的位置放两块陡砖的规矩砌筑。操作方法是把灰打在砖中间，四边留1cm左右，一块挤一块地砌，灰浆要饱满。

出砖檐砌法由于上部是空口容易使砖碰掉，成品保护比较困难，因此可以采取只砌窗间墙下压住的挑砖，窗口处的可以等到抹灰以前再砌。

②窗间墙的砌筑。窗台砌完后，拉通线砌窗间墙。窗间墙部分一般都是一人独立操作，操作时要求跟通线进行，并要与相邻作业者经常通气。砌第一皮砖时要防止窗口砌成阴阳膀（窗口两边不一致），窗间墙两端用砖不一致，往上砌时，位于皮数杆处的操作者，要经常提醒大家皮数杆上标志的预留、预埋等要求。

③发砖碹过梁。

a. 平碹的砌筑方法：门窗口跨度小。荷载轻时，可以采用平碹作门窗过梁。一般做法是当砌到口的上平时，在口的两边墙上留出2～3cm的错台，俗称碹肩，然后砌筑碹的两侧墙，称碹膀子。除清水立碹外，其他碹膀子要砍成坡度，一般一砖碹上端要斜进去3～4cm，一砖半碹上端要斜进去5～6cm。膀子砌够高度后，门窗口处支上碹胎板，碹胎板的宽度应该与墙厚相等。胎模支好后，先在板上铺一层湿砂，使中间厚20mm、两端厚5mm，作为碹的起拱。碹的砖数必须为单数，跨中一块，其余左右对称。要先排好块数和立缝宽度，用红铅笔在碹胎板上画好线，才不会砌错。发碹时应从两侧同时往中间砌，发碹的砖应用披灰法打好灰缝，不过要留出砖的中间部分不披灰，留待砌完碹后灌浆。最后发碹的中间的一块砖要两面打灰往下挤塞，俗称锁砖（缝砖）。发碹时要掌握好灰缝的厚度，上口灰缝不得超过15mm，下口灰缝不得小于5mm。发碹时灰浆要饱满，要把砖挤紧，碹身要同墙面平整，发碹的方法如图6-17所示。

平碹随其组砌方法的不同而分为立砖碹、斜形碹和插入碹三种，如图6-18所示。

b. 弧形碹的砌筑方法。弧形碹的砌筑方法与平碹基本相同，当碹两侧的砖墙砌到碹脚标高后，支上胎模，然后砌碹膀子（拱座），拱座的坡度线应与胎模垂直。碹膀子砌完后开始在胎模上发碹，碹的砖数也必须为单数，由两端向中间发，立缝与胎模

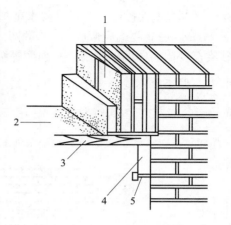

**图6-17  发平碹方法**
1—碹发好后灌入稀砂浆；2—湿砂；3—碹胎板；4—干砖；5—4英寸钉作支点

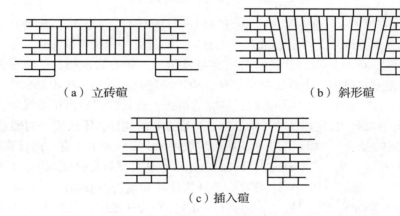

（a）立砖碹          （b）斜形碹

（c）插入碹

**图6-18  平碹的形式**

而要保持垂直。大跨度的弧形碹厚度常在一砖以上，宜采用一碹一伏的砌法，就是发完第一层碹后灌砂浆，然后砌一层伏砖（平砌砖），再砌上面一层碹，伏砖上下的立缝可以错开，这样可以使整个碹的上下边灰缝厚度相差不太多，弧形碹的做法如图6-19所示。

c. 平砌式钢筋砖过梁。平砌式钢筋砖过梁一般用于1~2m宽的门窗洞口，具体要求由设计规定，并要求上面没有集中荷载，它的一般做法是：当墙砌到门窗洞口的顶边后就可支上过梁底模板，然后将板面浇水湿润，抹上

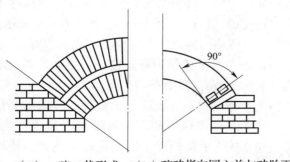

（a）一碹一伏形式    （b）碹砖指向圆心并与砖胎面垂直

**图6-19  弧形碹的做法**

3cm 厚 1:3 水泥砂浆。按设计要求把加工好的钢筋放入砂浆内，两端伸入支座砌体内不少于 24cm。钢筋两端应弯成 90°的弯钩，安放钢筋时弯钩应该朝上，勾在竖缝中。过梁段的砂浆至少比墙体的砂浆高一个强度等级，或者按设计要求。砖过梁的砌筑高度应该是跨度的 $\frac{1}{4}$，但至少不得小于 7 皮砖。砌第一皮砖时应该砌丁砖，并且两端的第一块砖应紧贴钢筋弯钩，使钢筋达到勾牢的效果。平砌式钢筋砖过梁的做法如图 6-20 所示。

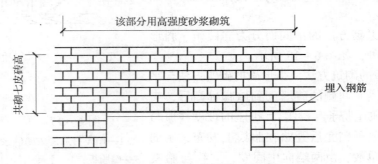

**图 6-20 平砌式钢筋砖过梁**

d. 钢筋混凝土过梁，放置过梁前，先量门窗洞口的高度是否准确。放置过梁时，在支座墙上要垫 1:3 水泥砂浆，再把过梁安放平稳。要求过梁的两头高度一样，梁底标高至少应比门窗上口边框高出 5mm，过梁的两侧要与墙面平。如为清水墙，往往过梁下部有一出檐，用半砖镶贴在挑檐的上部，把梁遮住，由于挑檐只有 6cm，砖不易放牢，可在门窗口处临时支 5cm×5cm 木方，担一下砖，砌完后拆掉。过梁放置后再拉通线砌长墙。

（3）垃圾道的砌筑。住宅建筑的垃圾道是一个很重要的构件，不仅要外面砌直、砌平，对于内壁也有一定的要求。垃圾道的内壁直接与垃圾接触，不仅要求平直，而且要随砌随用 1:3 水泥砂浆刮平抹好，这一点要有专人负责。内壁若不平直则容易挂住垃圾，日久易散臭味，内壁若不抹好，垃圾中的水分容易渗出，造成楼梯间和厨房间隔墙的污染和粉化。

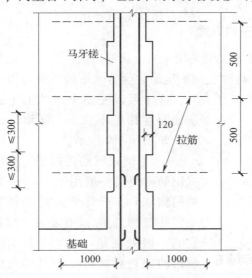

**图 6-21 马牙槎高度示意**

（4）构造柱做法。凡没有钢筋混凝土构造柱的砌体工程，在砌筑前，先根据设计图纸要求将构造柱位置进行弹线，并把构造柱插筋处理顺直。砌砖墙时与构造柱连接处砌成马牙槎，每一马牙槎沿高度方向的尺寸不宜超过 30cm（即 5 皮砖），如图 6-21 所示。

砖墙与构造柱之间应沿墙高每 500mm 设置 2φ6 水平拉结钢筋连接，每边伸入墙内不应少于 1m，如图 6-22 所示。

（5）梁底、板底砖的处理。砖墙砌到楼板底时应砌成丁砖层。如果楼板是现浇的，并直接支承在砖墙上，则应低一皮砖，使楼板的支承处混凝土加厚，支承点得到加强。

填充墙砌到框架梁底时，墙与梁底的缝

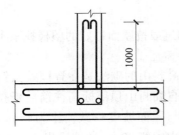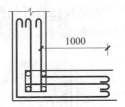

**图 6 – 22　构造柱墙内拉筋示意**

隙要用铁楔子或木楔子打紧，然后用 1:2 水泥砂浆嵌填密实。如果是混水墙，可以用与平面交角在 45°~60°的斜砌砖顶紧。如填充墙是外墙，应等砌体沉降结束，砂浆达到强度后再用楔子楔紧，然后用 1:2 水泥砂浆嵌填密实，因为这一部分是薄弱点，最容易造成外墙渗漏，施工时要特别注意。梁板底的处理如图 6 – 23 所示。

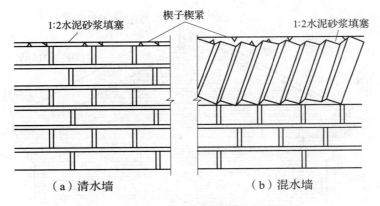

（a）清水墙　　　　　　（b）混水墙

**图 6 – 23　填充墙与框架梁底的砌法**

（6）楼层墙体砌筑。砌砖前要检查皮数杆是否是由下层标高引测的，还要检查内墙皮数杆的杆底标高，有时因为楼板本身的误差和安装误差，可能出现第一皮砖砌不下或者灰缝太大，这时要用细石混凝土垫平。厨房、卫生间等容易积水的房间，要注意图纸上该类房间地面比其他房间低的情况，砌墙时应考虑标高上的高差。

楼层外墙上的门、窗、挑出件等应与底层或下层门、窗、挑出件等在同一垂直线上。分口线应用线坠从上面吊挂下来。

楼层砌砖时，特别要注意砖的堆放不能太多，不准超过允许的荷载。如果房屋楼板超荷载，有时会引起重大事故。

（7）坡屋顶的封山、拔檐。

1）封山：坡屋顶的山墙，在砌到沿口标高处就要往上收山尖。砌山尖时，把山尖皮数杆钉在山墙的中心线上，在皮数杆上显示的屋脊标高处钉上一钉子，然后向前后檐挂斜线，按皮数杆的皮数和斜线的标志，以退踏步楼的形式向上砌筑。这时皮数杆在中间，两坡只有斜线，其灰缝厚度完全靠操作者技术水平自己掌握，可以用砌 3~5 皮砖量一下高度的办法来控制。山尖砌好以后就可以安放檩条。

檩条安放固定好后，即可封山。封山有两种形式：一种是平封山，另一种是把山墙砌得高出屋面，叫作高封山。

平封山的砌法是按已放好的檩条上皮拉线砌筑或按屋面钉好的望板找平砌筑。封山顶坡的砖要砍成楔形砌成斜坡，然后抹灰找平等待盖瓦。

高封山的砌法是在脊檩端头钉一个小挂线杆，自高封山顶部标高往前后檐拉线，线的坡度应与屋面坡度一致，作为砌高封山的标准。在封山内侧20cm高处挑出6cm的平砖作为滴水檐。高封山砌完后，在墙顶上砌1～2层压顶出檐砖。高封山的外观上屋脊处和檐口处高出屈面应该一致，要做到这一点必须要把斜线挂好。收山尖和高封山的形式分别如图6－24和图6－25所示。

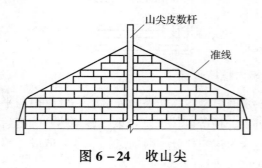

图6－24　收山尖

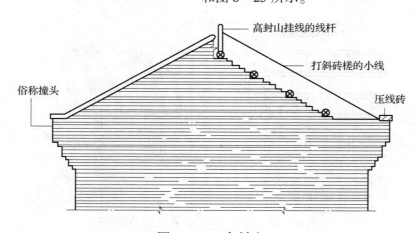

图6－25　高封山

2）封檐和拔檐：在坡屋顶的檐口部分，前后沿墙砌至檐口底时，先挑出2～3皮砖，此道工序被称为封檐。封檐前应检查墙身高度、前后两坡及左右两边是否符合要求，两端高度是否在同一水平线上。砌筑前先在封檐两端挑出1～2块砖，再顺着砖的下口拉线穿平。清水墙封檐的灰缝应与砖墙灰缝错开。砌挑檐砖时，头缝应披灰，同时外口应略高于里口。

在沿墙做封檐的同时，两山墙也要做好挑檐，挑檐的砖要选用边角整齐的。山墙挑檐也叫拔檐，一般挑出的层数较多，要求把砖洇透水，砌筑时灰缝严密，特别是挑层中竖向灰缝必须饱满，砌筑时宜由外往里水平靠向已砌好的砖，将竖缝挤紧，砖放平后不宜再动，然后再砌一块砖把它压住，当出檐或拔檐较大时，不宜一次完成，以免重量过大，造成水平缝变形而倒塌，拔檐（挑檐）的做法如图6－26所示。

（8）腰线。建筑物构造上的需要或为了增加其

图6－26　拔檐（挑檐）做法

外形美观，沿房屋外墙面的水平方向用砖挑出各种装饰线条，这种水平线叫作腰线。砌法基本与拔檐相同，只是一般多用顶砖逐皮挑出，每皮挑出一般为 $\frac{1}{4}$ 砖长，最多不得超过 $\frac{1}{3}$ 砖长。也有用砖角斜砌挑出，组成连续的三角状砖牙；还有用立砖与丁砖组合挑砌花饰等，如图 6-27 所示。

**图 6-27　腰线**

（9）楼梯栏杆和踏步。

1）栏杆：砖砌栏杆基本上同砌山尖和封山相同。它是在楼梯栏杆两端各立一根皮数杆，标明栏杆的砖层及标高，按标高在两皮数杆间拉斜向准线，准线即栏杆的位置及高度，如图 6-28 所示。砌到准线时，砖要砌成梯形，使砌筑坡度与准线吻合，全部砌完后，栏杆顶用水泥砂浆进行抹灰，作为楼梯扶手。

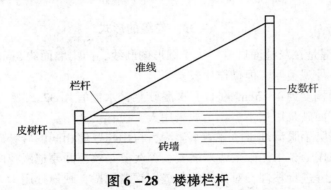

**图 6-28　楼梯栏杆**

2）踏步：有些民用建筑采用楼梯间砖墙直接支承踏步板，可将预先制成"L"或"—"形的钢筋混凝土踏步板的两端砌在楼墙上，这样踏步板的安砌应和砌墙配合进行。施工前先做一个活动的皮数杆，将每步标高画在上面，每个踏步板的水平位置用投影法标在楼梯间砖墙底部，如图 6-29 所示。应注意楼梯间标高是否与皮数杆底同一标高，当标高不同时应调整其高差。

施工时，踏步两边砖墙应同时砌筑。砌到踏步板高度时，将踏步板坐浆放平，两端伸进墙内的距离应相等，且不小于 12cm，并用活动皮数杆检查踏步板两端高低，进行调整，再用水平尺检查踏步板自身水平。同时用线锤从墙底事先标出的踏步板水平投影位置，向上吊线检查踏步板水平方向进出情况，当两个方向尺寸都正确无误后，才能进行下步砌筑。

（10）清水墙勾缝。清水墙砌筑完毕要及时抠缝，可以用小钢皮或竹棍抠划，也可以

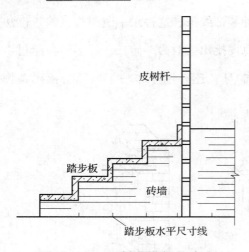

**图 6 – 29 预制踏步板的安砌**

用钢线刷剔刷，抠缝深度应根据勾缝形式来确定，一般深度为 1cm 左右。

勾缝的形式一般有四种，如图 6 – 30 所示。

1）平缝：操作简单，勾成的墙面平整，不易剥落和积垢，防雨水的渗透作用好，但墙面较为单调。平缝一般采用深线两种做法，深的约凹进墙面 3 ~ 5mm。

2）凹缝：凹缝是将灰缝凹进墙面 5 ~ 8mm 的一种形式。凹面可做成半圆形。勾凹缝的墙面有立体感，较美观。

3）斜缝：斜缝是把灰缝的上口压进墙面 3 ~ 4mm，下口与墙面平，使其成为斜面向上的缝。斜缝泄水方便。

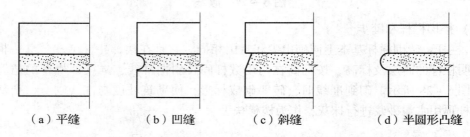

(a) 平缝        (b) 凹缝        (c) 斜缝        (d) 半圆形凸缝

**图 6 – 30 勾缝的形式**

4）凸缝：凸缝是在灰缝面做成一个半圆形的凸线，凸出墙面约 5mm 左右。凸缝墙面线条明显、清晰，外观美丽，但操作比较费事。

勾缝一般使用稠度为 4 ~ 5cm 的 1∶1 水泥砂浆，水泥宜用 32.5 级，砂子要经过 3mm 筛孔的筛子过筛。因砂浆用量不多，一般采用人工搅拌。

勾缝前应先将脚手眼清理干净并洒水湿润，再用与厚墙相同的砖补砌严密，同时要把门窗框周围的缝隙用 1∶3 水泥砂浆堵严嵌实，深浅要一致，并要把碰掉的外墙窗台、腰线等补砌好。要对灰缝进行整理，对偏斜的灰缝用钢凿剔凿，缺损处用 1∶2 水泥砂浆加氧化铁红调成与墙面相似的颜色修补（俗称做假砖），对于抠挖不深的灰缝要用钢凿剔深，最后将墙面黏结的泥浆、砂浆、杂物清除干净。

勾缝前一天应将墙面浇水洇透，勾缝的顺序是从上而下，先勾横缝，后勾竖缝。勾横缝的操作方法是，左手拿托灰板紧靠墙面，右手拿长溜子，将托灰板顶在要勾的缝口下边，右手用溜子将灰浆喂入缝内，同时自右向左随勾随移动托灰板。勾完一段后，再用溜子自左向右在砖缝内溜压密实，使其平整，深浅一致。勾竖缝的操作方法是用短溜子在托灰板上把灰浆刮起，然后勾入缝中，使其塞压紧密、平整，勾缝的操作手法如图 6 – 31 所示。

勾好的平缝与竖缝要深浅一致，交圈对口，一段墙勾完以后要用笤帚把墙面扫干净，勾完的灰缝不应有搭槎、毛疵、舌头灰等毛病。墙面的阳角处水平缝转角要方正，阴角的

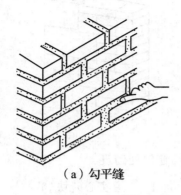 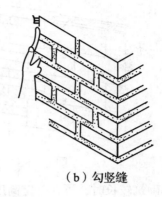

（a）勾平缝　　　　　　　　　　　（b）勾竖缝

**图 6 - 31　勾缝的操作手法**

竖缝要勾成弓形缝，左右分明，不要从上到下勾成一条直线，影响美观，砖碹的缝要勾立面和底面，虎头砖要勾三面，转角处要勾方正，灰缝面要颜色一致、黏结牢固、压实抹光，无开裂，砖墙要洁净。

## 6.2　空心砖墙砌筑

### 6.2.1　空心砖墙的构造

空心砖墙一般用于填充墙和隔断墙砌筑，如图 6 - 32 所示。

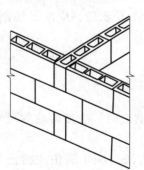 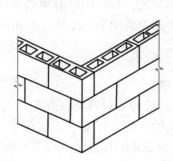

**图 6 - 32　空心砖墙错缝砌筑**

### 6.2.2　非承重空心砖墙的组砌要求

1）每一层墙的底部应砌 1 ~ 3 皮实心砖隔墙，外墙勒脚部分也应砌实心砖。顶部用实心砖斜砌顶实。

2）空心砖不宜砍凿，不够整砖时可用普通砖补砌。

3）墙中留洞、预埋件、管道等处应用实心砖砌筑，或做成预制混凝土构件或块体。

4）门窗过梁支承处应用实心砖砌。

5）门窗洞口两侧一砖长范围内应用实心砖砌筑，如图 6 - 33 所示。

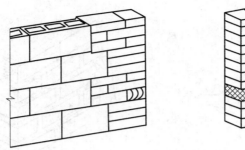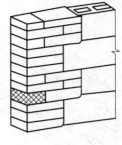

**图6-33　空心砖墙门窗口处砌筑**

6）墙体砌筑较长时，可在一定高度范围内，加1~2道实心砖块。

### 6.2.3　砌筑前的准备工作

**1. 材料准备**

1）对进场的空心砖按设计要求检查其型号、规格是否符合要求。

2）检查空心砖的外观质量，有无缺棱掉角和裂缝现象。对于欠火砖和酥砖不得使用。用于清水外墙的空心砖，要求外观颜色一致，表面无压花。

3）承重空心砖的强度等级应符合规范要求，并复检，不符合设计要求的不得使用。

4）砖在使用前1~2d浇水湿润。

5）其他参见实心砖墙砌筑工艺砌筑前的准备工作内容。

**2. 工具和作业条件准备**

空心砖墙砌筑，对组砌时所用的半砖、七分头，不易砍砖，应准备切割用的砂轮锯。其他与实心砖砌筑前的准备工作基本相同。

### 6.2.4　墙体砌筑

**1. 排砖摞底**

1）空心砖墙的灰缝厚度一般为8~12mm。排砖摞底时，应按砖块的尺寸和灰缝厚度计算排数和皮数。

2）承重空心砖的孔应竖直向上。排砖时按组砌方法（满丁满条或梅花丁）先从转角或定位处开始向一侧排砖。内外墙应同时排砖，纵横方向交错搭接，上下皮错缝，一般搭砌长度不小于60mm。

3）非承重空心砖，上下皮错缝$\frac{1}{2}$砖长。排砖时，凡不足半砖处用普通实心砖补砌，门窗洞口两侧240mm范围内，应用实心砖砌筑，如图6-33所示。

4）排砖符合上述要求后，应按排砖的竖缝和水平缝要求拉紧通线。

**2. 砌筑工艺**

1）由于空心砖厚度较大，所以砌筑时要注意上跟线、下对棱。

2）砌筑时，墙体不允许用水冲浆灌缝。

3）承重空心砖墙大角处和内外墙交接处应加半砖使灰缝错开，如图6-34所示。

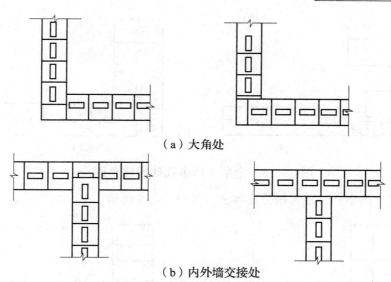

（a）大角处

（b）内外墙交接处

**图 6-34　承重空心砖墙大角及内外墙交接处的组砌**

盘砌大角不宜超过 3 皮砖，不得留槎；内外墙应同时砌筑，如必须留槎时应留斜槎。其他与实心砖墙体砌筑相同。

4）非承重空心砖砌筑时，在以下部位应砌实心砖墙：

①地面以下或防潮层以下部位。

②墙体底部 3 皮砖。

③墙体留洞、预埋件、过梁支承处。

④墙体顶部用实心砖斜砌挤实。

5）非承重空心砖砌筑时，不宜砍砖。当不够整砖时，应用实心砖补填。墙上的预留孔洞应在砌筑时留出，不得后凿。在砌较长、较高的墙体时，如设计无要求时，一般在墙的高度范围内加设一道或两道实心砖带，亦可每道用 $2\phi6$ 钢筋加强。与框架结构连接处，必须将柱子上的预留拉结钢筋砌入墙内。

## 6.3　多孔砖墙砌筑

多孔砖墙是用烧结多孔砖与砌筑砂浆砌筑而成。

砌筑多孔砖墙时，多孔砖的孔洞应垂直于受压面，一般呈垂直向，砌筑前应试摆。

正方形多孔砖（M 型）墙：一般采用全顺组砌形式，手抓孔应顺墙长方向，上、下皮竖缝相互错开 $\frac{1}{2}$ 砖长。

矩形多孔砖（P 型）墙：采用一顺一丁或梅花丁组砌形式，上、下皮竖缝相互错开 $\frac{1}{4}$ 砖长。

多孔砖墙的转角处，为错缝需要，应加砌配砖（半砖或 3/4 砖）。

全顺一砖多孔砖墙转角处的分皮砌法，如图 6-35 所示。

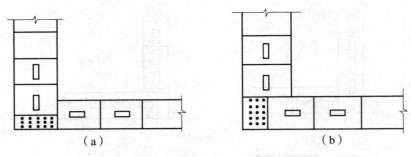

**图 6 – 35　全顺一砖多孔砖墙转角砌法**

一顺一丁一砖多孔砖墙转角分皮砌法，如图 6 – 36 所示。

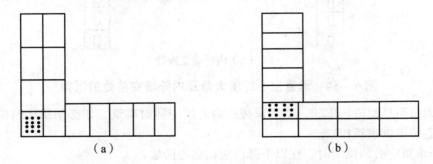

**图 6 – 36　一顺一丁一砖多孔砖墙转角砌法**

梅花丁一砖多孔砖墙转角分皮砌法，如图 6 – 37 所示。

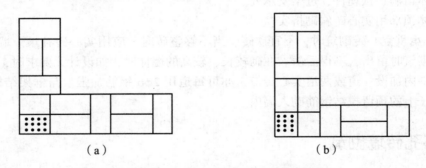

**图 6 – 37　梅花丁一砖多孔砖墙转角砌法**

多孔砖墙的丁字交接处，为错缝需要，应砌配砖（半砖或 $\frac{3}{4}$ 砖）。

全顺一砖多孔砖墙交接处分皮砌法，如图 6 – 38 所示。

一顺一丁一砖多孔砖墙交接处分皮砌法，如图 6 – 39 所示。

梅花丁一砖多孔砖墙交接处分皮砌法，如图 6 – 40 所示。

多孔砖墙中所用的配砖应是工厂定型产品，不得用整砖砍成配砖。门窗洞口两侧在多孔砖墙中预埋木砖，应与多孔砖相同规格。

多孔砖不应与烧结普通砖混砌。

多孔砖墙每天砌筑高度不宜超过 1.5m。

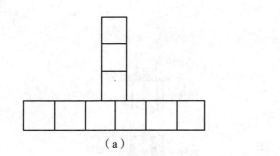

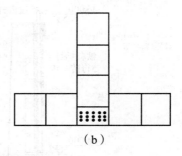

图 6-38 全顺一砖多孔砖墙交接处分皮砌法

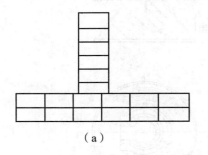

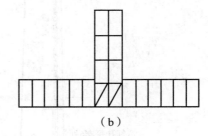

图 6-39 一顺一丁一砖多孔砖墙交接处分皮砌法

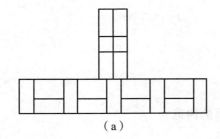

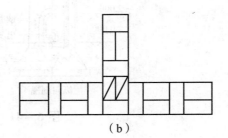

图 6-40 梅花丁一砖多孔砖墙交接处分皮砌法

## 6.4 其他砖砌体砌筑

### 6.4.1 砖烟囱的砌筑

**1. 砖烟囱的构造**

砖烟囱有方形和圆形两种。方形的一般高度不大,采用较少。

烟囱的构造主要由基础、囱身、内衬、隔垫层几部分组成。囱身上的附件通常有铁爬梯、避雷针、紧箍圈、钢休息平台、信号灯等装置。在囱身下部有烟道入口和出灰口。

囱身按高度分成若干段,每段的高度一般在10m左右,最多不得超过15m。每段的筒壁根据设计决定,并由下往上逐渐减薄。

烟囱的构造形式如图6-41所示。

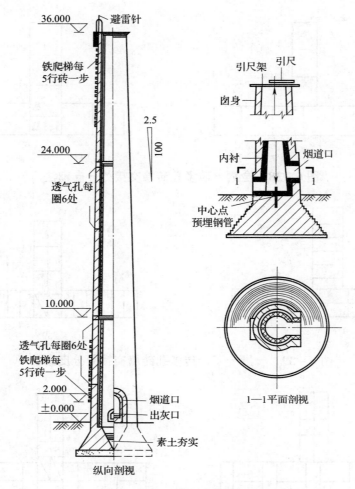

图 6 – 41　圆烟筒的构造

**2. 圆烟囱的砌筑方法**

（1）基础的砌筑。

1）在烟囱基础垫层或钢筋混凝土底板施工完毕后，先将烟囱前后左右的龙门板用经纬仪校核一次，无误后，拉紧两对龙门板的中心所形成的交叉点，就是烟囱中心点。然后，用线锤将此点引到基础面，并在中心位置安设好中心桩或预埋铁件埋入基础内，待混凝土凝固后，校核一次，并在桩的中心点上钉上小钉或在预埋铁件上用红漆标出中心点。依照中心点弹出基础内外径的圆周线。

2）砌砖前先清扫基层，并浇水湿润，检查基础圆径尺寸和基层标高是否正确。如果基础表面不平，当小于 2cm 时，要用 1:2 水泥砂浆找平；当大于 2cm 时，要用 C20 细石混凝土找平后方能砌筑。

3）第一皮砖要先试摆后再砌筑，砖层的排列，通常采用丁砖，砌体上下两层砖的放射缝应错开 $\frac{1}{4}$ 砖，垂直环缝应错开 $\frac{1}{2}$ 砖，如图 6 – 42 所示。为达到错缝要求，可用 $\frac{1}{2}$ 砖进行调整，但小于 $\frac{1}{2}$ 的碎砖不得使用。砌筑的水平缝为 8 ~ 10mm，垂直灰缝里口不小于 5mm，外口不大于 12mm。基础有大方脚时同砖墙一样向中心收退，退到囱壁厚时，要依据中心桩检查一次基础环墙的中心线，找准后再往上砌。

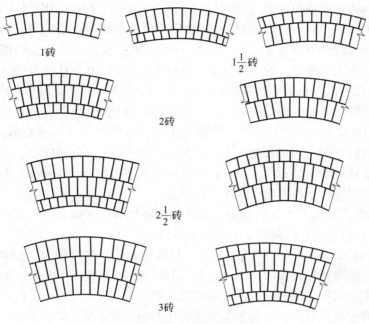

**图 6 - 42  筒砖缝交错**

4）基础部分的囱壁通常没有收分坡度，砌时可用垂直靠尺进行检查。砖层高度由皮数杆控制。基础的内衬和外壁要同时砌筑，并按照图纸要求，在隔热层中填放隔热材料。

5）基础砌完后进行垂直、水平标高、中心偏差、圆周尺寸和上口水平等全面检查，合格后才可砌囱身。

（2）囱身的砌筑。包括外壁的砌筑、内衬的砌筑和囱身附设铁件的设置。外壁的砌筑如下：

1）筒壁开始砌筑时就要根据设计要求收坡，并注意按图纸要求留好出灰口和烟道口。在地震区，在砌筑囱身时还要按照设计要求认真埋置好所配的竖向和环向抗震钢筋。

2）砌筑前先在基础筒壁上口进行排砖。当筒壁厚度为 $2\frac{1}{2}$ 砖时，第一皮砖，半砖在外圈，整砖在里圈，砌第二皮时，里外圈对调；当筒壁厚度为 2 砖时，第一皮砖，内外圈均用半砖，中间一圈用整砖，到第二皮，内外圈均用整砖；当筒壁厚度为 $2\frac{1}{2}$ 砖时，第一皮砖，外圈用半砖，里面两圈用整砖，第二皮，半砖调到里圈，外面两圈用整砖；3 砖及 3 砖以上按此类推，这样的砌法可以避免形成同心圆环。

排砖时灰缝要均匀，如果烟囱直径较小，可将砖先打成楔形，其小头宽度不应小于原来宽度的 $\frac{2}{3}$。外壁的水平和垂直灰缝要求与基础同，小于 $\frac{1}{2}$ 砖的碎砖不得使用。

3）外圈筒壁通常先砌外皮，再砌内皮，最后填心。为防止因操作手法不同发生偏差，砌筑工人不要中途换人，但砌筑工人的位置以每升高一步架换一个地方，这样容易控制囱身的垂直度和灰缝大小，减少偏差发生。

4）砌体的每皮砖均应水平，或稍微向内倾斜（砌体重量的合力中心向里位移，烟囱更趋稳定，砖与砖之间挤的更紧），绝对不允许向外倾斜，要随时用铁水平尺进行检查。

5）砌筑时，要依靠十字杆、轮圆杆和收分靠尺板来控制囱身的垂直和外壁坡度。十字杆中心悬挂的大线锤要与基础上埋置的中心桩顶小钉或预埋铁件上的红漆点对中。另外，在烟囱基础砌出地面后，按照测量工在外壁上定出的 ±0.000 标高线（一般用红漆作出记号），以后每砌高 5m 或筒壁厚度变更时，均用钢尺从 ±0.000 起垂直往上量出各点标高线，亦用红漆作出记号，根据这"一点一线"来控制烟囱的垂直偏差和高度。在每砌完 0.5m 高（约 8 皮砖），用十字杆、线锤对中后，用坡度靠尺板检查收分尺寸的偏差；用轮圆杆转一周检查囱身圆周是否正确；用钢尺从标明的标高线往上度量检查砌筑高度，并根据这个高度核对十字杆的收分尺寸；最后用铁水平尺检查上口水平。如发现偏差过大时要返工，较小时应注意在以后砌筑中调整纠正。

6）每天的砌筑高度要根据气候情况和砂浆的硬化程度来确定，一般每天砌筑高度不宜超过 2.4m，砌得过高会因灰缝变形引起囱身偏差。

7）烟道入口顶部的拱碹、拱顶一般与囱身外壁相同，拱脚则突出壁外，在拱脚下边有砖垛。因此在囱身开始砌筑时，即应注意在烟道入口的两侧砌出砖垛。两侧砖垛的砖层要在同一标高上，层数也要相同，避免砌成螺丝墙。

囱身外壁的通风散热孔，应按图纸要求留出 6cm×6cm 见方的通气孔。

8）外壁的灰缝要勾成风雨缝（即斜缝）。如采用外脚手架砌筑，可在囱身砌完后进行；如采用里脚手架施工，则应随砌、随刮、随勾缝。

9）砌完后在顶口上（顶口有圈梁的，则灌完圈梁后）抹 1:2 水泥砂浆泛水。

内衬的砌筑如下：

1）砖烟囱的内衬往往随外壁同时砌筑。内衬壁厚为 $\frac{1}{2}$ 砖时，应用顺砖砌筑，互相咬槎 $\frac{1}{2}$ 砖，厚度大于 1 砖时，可用顺砖和丁砖交错砌筑，互相咬槎 $\frac{1}{4}$ 砖。

2）灰缝厚度，用黏土砖砌筑不应超过 8mm；用耐火砖时，用耐火砖时，灰缝大于 4mm。

3）用黏土砖砌筑时，当烟气温度低于 400℃ 时，可以用混合砂浆；当温度高于 400℃ 时，可用生黏土与砂子配制的砂浆，其配合比为 1:1 或 1:1.5。

4）砌筑的垂直缝和水平缝均应严密，随砌随刮去舌头灰。每砌 1m 高，应在内侧表面满刷一遍耐火泥浆。

5）内衬与囱身外壁之间的空气隔热层，不允许落入砂浆和砖屑，如需填塞隔热材料，则应每四五皮砖填一次，并轻轻捣实。为减轻隔热材料自重所产生的体积压缩，可在砌筑内衬时，每隔 2~2.5m 的高度砌一圈减荷带，如图6-43（b）所示。当内衬砌到顶面或外壁厚度减薄时，外壁应向内砌出砖挑檐，如图6-43（a）所示，挡住隔热层上口，防止烟尘落入，但砖挑檐不得与内衬顶部接触，要保留等于内衬厚度的距离。

6）为确保内衬的稳定，通常在垂直方向每隔 50cm（或 8 皮砖高度），在水平方向按圆周长每 1m 处，上下交错地向外壁挑出一块顶砖，支在外壁上。

7）外壁和内衬砌完后，在顶口（如顶口有圈梁时，则在灌完圈梁后）抹 1:2 水泥砂浆泛水。同时，应进行全面的检查，合格后才可拆除底部的中心桩，最后铺砌囱底的耐火砖。铺砌囱底耐火砖时，应使每皮砖的灰缝均匀、上下错开。

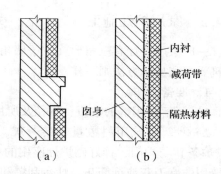

**图 6-43 砖烟囱内衬与外壁砌筑示意**

囱身附设铁件的设置如下：

1）埋入囱身的铁活附件，均应事先涂刷防锈油漆（埋设避雷器入地导线固定用的预埋件除外），按设计位置预埋牢固，不得遗漏。

2）地震区在烟囱内加设的纵向及环向抗震钢筋，砌筑时必须按照设计图纸要求认真埋设。

3）铁爬梯应埋入壁内至少 24cm，并应卡砌结实。

4）环向铁箍应按图纸要求标高安装好，螺栓要拧紧，并将拧紧后的外露螺纹凿毛，以防螺母松脱，每个铁箍接头的位置应上下错开。

5）顶口上如设有圈梁，安放铁休息平台时，应留出浇灌混凝土的范围。

**3. 方砖烟囱的砌筑方法**

方烟囱因承受风压比圆烟囱大，所以高度有一定限制，一般在 15m 左右。用于拔风力要求不大、炉窑气温不高的干燥炉及退火炉。

方烟囱的砌筑方法基本上与圆烟囱一样，其不同处有以下几点：

1）圆烟囱每皮砌体允许稍微向内倾斜，方烟囱则相反，要求每皮砌体必须水平。所以，方烟囱收分采取踏步式，砌前要按烟囱的坡度事先算好每皮收分的数值。

2）检查圆烟囱不同标高的截面尺寸（圆半径），通常将圆 6 等分，在圆周上取 6 点，以此为主进行检查。方烟囱主要检查四角顶主中心（即方烟囱的外接圆半径）的距离，因此，所用轮圆杆的刻度应将不同标高的方形边乘以系数 0.707。

3）检查圆烟囱的坡度，用坡度靠尺板在前述 6 点上进行，检查方烟囱的坡度，除四角顶外，还应在每边的中点上进行。

4）方烟囱不用丁砌，根据壁厚可按三顺一丁、一顺一丁、梅花丁砌法等进行砌筑。为了达到错缝要求，须砍成 $\frac{3}{4}$ 砖，但方烟囱由于皮皮踏步收分，砍砖不能因收分把转角处砖砍掉，转角处仍应保留 $\frac{3}{4}$ 砖，需砍部分在墙身内调整。

5）方烟囱一般不留通气孔。要留通气孔时，应避开四个顶角，以免削弱砌体强度，可在囱身四边按要求距离留设。

6）方烟囱附设铁件应避开顶角，根据设计要求埋设。如设计无规定，最好设在常年风向背风的一面。

### 6.4.2 家用炉灶施工

一般家用炉灶有三角形（位于墙角）和方形两种，外观形状虽然不同，其内部构造、砌筑要求和操作方法则一样。

**1. 准备工作**

1）了解使用锅的数量、直径及所用燃料，进行平面布置的定位放线。

2）计算砌筑用料数量（砖、灰、砂、黏土、水泥和麻刀灰或纸筋灰）；准备炉栅（或炉条）与炉门；拌好砌炉灶座用的水泥砂浆、砌炉灶与烟囱用的黏土砂浆、抹烟囱道内壁的麻刀灰或纸筋灰、灶台刮糙和粉光用的水泥砂浆和烟囱外壁用的石灰砂浆。

3）屋内已有现成烟道时，砌前应用手试探是否通风良好，或用烟火在洞口检验能否通风。若通风不良，进行疏通和修理后方可使用。

**2. 砌筑施工要求**

1）炉灶面高度通常不超过80cm，太高会使工作人员操作不便，易疲劳。

2）多锅炉灶在砌筑前按其用途及主次合理排列布置，通常把主要锅安放在离烟道较远处，使抽风效果好，炉火旺。

3）多锅炉灶可共用一个烟囱，但各自烟道应分别进入烟囱，以防互相串通，引起冒烟。

4）炉灶要挑出炉灶座5cm，炉灶面（锅台）又较炉灶挑出6cm，使人站在灶边，脚不碰炉灶座。

5）锅上口边沿与炉膛壁接触以3cm为宜，太多时火易被接触面挡住。

6）炉条或炉栅（家用烧木柴时）应向里倾斜，便于火焰向里集中。

7）烧煤炉灶，鼓风机送风时，烟囱高过屋脊即可。

8）回烟道的断面通常为6cm×12cm；大型炉灶回烟道宽以9～16cm、高为18～25cm为宜。

9）农村炉灶主要烧杂草或树枝，易燃烧，故为保温起见，不设通风道及回烟道。

**3. 炉灶的规格**

1）高度通常以75cm为宜（即12皮砖再加上抹面厚），最高不得超过80cm。

2）宽度（沿灶口向烟囱方向）为（2×10＋锅直径）cm，即锅边距灶口10cm，对面锅边距烟囱10cm，再加上锅的直径。

3）长度（与宽度相垂直方向）为（2×25＋锅直径）cm，即锅边距灶边各25cm。

4）每增加一个同样大小的锅，锅间净距为30cm；有环的锅净距为37cm，其余尺寸不变。若两锅大小不等，则以大锅为准。

**4. 炉膛的形状与尺寸**

炉膛的形状近似于倒置的圆台，其尺寸大小根据锅的直径与深浅以及所用燃料而定。

一般烧柴灶，锅底距炉膛底（即炉栅）为9～16cm，烧煤的距离为7～18cm。炉膛底的尺寸约为锅径的$\frac{1}{3}$～$\frac{1}{2}$（如直径40cm的锅，其炉膛底应为14～20cm见方），上口约为40cm。炉膛深度：直径40cm的锅深为20cm，则烧柴的炉膛深应为20cm＋（9～16）cm，即29～36cm；烧煤的炉膛深应为20cm＋（7～18）cm，即27～38cm，如图6-44所示。

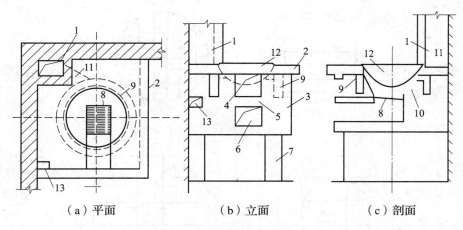

（a）平面　　　　　　（b）立面　　　　　　（c）剖面

**图 6 - 44　家用炉灶构造**

1—烟囱；2—炉灶台；3—炉灶身；4—炉灶门；5—灶口挑砖；6—通风道（又是出灰道）；
7—炉灶脚；8—炉栅；9—回烟道；10—炉膛；11—火焰道；12—锅；13—火柴洞

**5. 砌筑步骤与方法**

1）按放线的位置砌炉座，炉座根据锅的个数决定砌几道：一个锅砌两道，两个锅砌三道。为确保两口锅在灶面上的净距要求，下部中间的炉座墙可砌成包心墙，中间填碎砖和黏土。

炉座墙厚通常为 18～24cm，高为 30～40cm（一般砌 5～6 层砖或用中型砌块），长比炉面缩进 12cm，炉座墙间距一般为 20～25cm。

2）砌风槽和铺炉栅。当炉座砌到最后一层时，开始挑砖合拢。以两炉座墙内的中心线作为风槽中心位置，并在合拢层上划一个记号，然后继续往上砌两层砖并挑出 6cm。砌至风槽位置时，按中心线留出宽为 12～15cm、长为 15～30cm，不砌而形成的风槽。留风槽时应观察烟囱方向，以便决定风槽位置的进出。

风槽处铺好炉栅，炉栅与下部合拢砖之间形成出灰槽。炉栅铺深应注意烟囱位置，以确保火焰始终保持在锅的中心。继之用样棒对准风槽中心，定出炉膛底及炉门位置，再砌炉身和炉膛。

3）炉身及炉膛的砌筑。用菜刀砖（楔形砖）砌一皮压牢炉栅。

炉门墙厚一般为 12～18cm。留出炉门位置高为 18cm（三皮砖）、宽为 12～15cm。

炉膛应从底部往上向四周放坡，放坡的上口绕炉膛设回烟道，回烟道为宽 6cm、高 12cm 的槽口，并接烟囱。

4）砌灶面砖和安锅。灶面砖为一皮，四周挑出 6cm，用水泥砂浆刮糙抹平。安锅后试烧，合格后抹面压光。

## 6.4.3　圆柱砌筑

圆柱的砌筑应先定中心，然后根据半径长度，用麻线从柱中心轮出柱子的圆周线；再按线试摆，以确定组砌方法。砌混水圆柱时，超过圆周线 10mm 以上的砖角必须砍修整齐。图 6 - 45 为圆柱和多边柱的组砌方法。

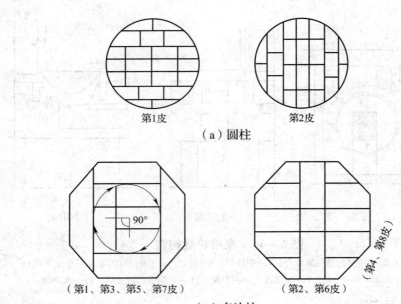

第1皮　　　　　　第2皮

（a）圆柱

（第1、第3、第5、第7皮）　　　　（第2、第6皮）　　（第4、第8皮）

（b）多边柱

**图 6 – 45　圆柱与多边柱组砌方案**

# 7 小型砌块的砌筑

## 7.1 混凝土小型空心砌块砌体

### 7.1.1 施工准备

1）墙体施工前必须按房屋设计图编绘小砌块平、立面排块图。排块时应根据小砌块规则、灰缝厚度和宽度、门窗洞口尺寸、过梁与圈梁或连系梁的高度、芯柱或构造柱位置、预留洞大小、管线、开关、插座敷设部位等进行对孔、错缝搭砌排列，并以主规格小砌块为主，辅以配套的辅助块。

2）各种型号、规格的小砌块备料量应依据设计图和排块图进行计算，并按施工进度计划分期、分批进入现场。

3）堆放小砌块的场地应预先夯实平整，并应有防潮和防雨、雪等排水设施。不同规格型号、强度等级的小砌块应分别覆盖堆放；堆置高度不宜超过 1.6m，且不得着地堆放；堆垛上应有标志，垛间宜留适当宽度的通道。装卸时，不得翻斗卸车和随意抛掷。

4）砌入墙体内的各种建筑构配件、埋设件、钢筋网片与拉结筋等应事先预制及加工；各种金属类拉结件、支架等预埋铁件应做防锈处理，并按不同型号、规格分别存放。

5）备料时，不得使用有竖向裂缝、断裂、受潮、龄期不足的小砌块及插填聚苯板或其他绝热保温材料的厚度、位置、数量不符合墙体节能设计要求的小砌块进行砌筑。

6）小砌块表面的污物和用于芯柱及所有灌孔部位的小砌块，其底部孔洞周围的混凝土毛边应在砌筑前清理干净。

7）砌筑小砌块基础或底层墙体前，应采用经检定的钢尺校核房屋放线尺寸，允许偏差值应符合表 7 – 1 的规定。

**表 7 –1 房屋放线尺寸允许偏差**

| 长度 L、宽度 B（m） | 允许偏差（mm） |
| --- | --- |
| L（B）≤30 | ±5 |
| 30 < L（B）≤60 | ±10 |
| 60 < L（B）≤90 | ±15 |
| L（B）>90 | ±20 |

8）砌筑底层墙体前必须对基础工程按有关规定进行检查和验收。当芯柱竖向钢筋的基础插筋作为房屋避雷设施组成部分时，应用检定合格的专用电工仪表进行检测，符合要求后方可进行墙体施工。

9）配筋小砌块砌体剪力墙施工前，应按设计要求在施工现场建造与工程实体完全相同的具有代表性的模拟墙。剖解后的模拟墙质量应符合设计要求，方可正式施工。

10）编制施工组织设计时，应根据设计按表 7 – 2 要求确定小砌块砌体施工质量控制等级。

表 7 – 2　小砌块砌体施工质量控制等级

| 项目 | 施工质量控制等级 | | |
|---|---|---|---|
| | A | B | C |
| 现场质量管理 | 监督检查制度健全，并严格执行；施工方有在岗专业技术管理人员，人员齐全，并持证上岗 | 监督检查制度基本健全，并能执行；施工方有在岗专业技术管理人员，并持证上岗 | 有监督检查制度，施工方有在岗专业技术管理人员 |
| 砌筑砂浆、混凝土强度 | 试块按规定制作，强度满足验收规定，离散性小 | 试块按规定制作，强度满足验收规定，离散性较小 | 试块按规定制作，强度满足验收规定，离散性大 |
| 砌筑砂浆拌和方式 | 机械拌和，配合比计量控制严格 | 机械拌和，配合比计量控制一般 | 机械或人工拌和，配合比计量控制较差 |
| 砌筑工人 | 四级工以上，其中三级工不少于 30% | 三级、四级工不少于 70% | 五级工以上 |

注：1. 砌筑砂浆与混凝土强度的离散性大小，应按强度标准差确定。
　　2. 配筋小砌块砌体的施工质量控制等级不允许采用 C 级，对配筋小砌块砌体高层建筑宜采用 A 级。

## 7.1.2　砌块排列

1）砌块排列时，必须根据砌块尺寸和垂直灰缝的宽度和水平灰缝的厚度计算砌块砌筑皮数和排数，以保证砌体的尺寸；砌块排列应按设计要求，从基础面开始排列，尽可能采用主规格和大规格砌块，以提高台班产量。

2）外墙转角处和纵横墙交接处，砌块应分皮咬槎，交错搭砌，以增加房屋的刚度和整体性。

3）砌块墙与后砌隔墙交接处，应沿墙高每隔 400mm 在水平灰缝内设置不少于 $2\phi4$、横筋间距不大于 200mm 的焊接钢筋网片，钢筋网片伸入后砌隔墙内不应小于 600mm（见图 7 – 1）。

4）砌块排列应对孔错缝搭砌，搭砌长度不应小于 90mm，如果搭接错缝长度满足不了规定的要求，应采取压砌钢筋网片或设置拉结筋等措施，具体构造按设计规定。

5）对设计规定或施工所需要的孔洞口、管道、沟槽和预埋件等，应在砌筑时预留或预埋，不得在砌筑好的墙体上打洞、凿槽。

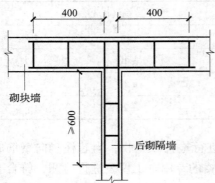

图 7 – 1　砌块墙与后砌隔墙交接处钢筋网片

6）砌体的垂直缝应与门窗洞口的侧边线相互错开，不得同缝，错开间距应大于150mm，且不得采用砖镶砌。

7）砌体水平灰缝厚度和垂直灰缝宽度一般为10mm，但不应大于12mm，也不应小于8mm。

8）在楼地面砌筑一皮砌块时，应在芯柱位置侧面预留孔洞。为便于施工操作，预留孔洞的开口一般应朝向室内，以便清理杂物、绑扎和固定钢筋。

9）设有芯柱的T形接头砌块第一皮至第六皮排列平面，见图7-2。第七皮开始又重复第一皮至第六皮的排列，但不用开口砌块，其排列立面见图7-3。设有芯柱的L形接头第一皮砌块排列平面，见图7-4。

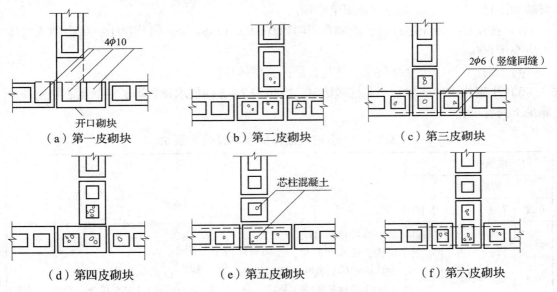

图7-2  T形芯柱接头砌块排列平面图

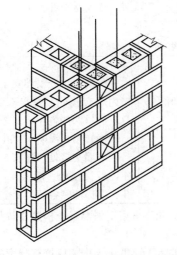
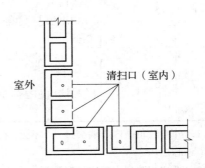

图7-3  T形芯柱接头砌块排列立面图　　图7-4  L形芯柱接头第一皮砌块排列平面图

### 7.1.3　芯柱设置

**1. 墙体宜设置芯柱的部位**

1）纵横墙交接处孔洞应设置混凝土芯柱。在外墙转角、楼梯间四角的纵横墙交接处的三个孔洞，宜设置钢筋混凝土芯柱。

2）五层及五层以上的房屋，应在上述的部位设置钢筋混凝土芯柱。

**2. 芯柱的构造要求**

1）芯柱截面不宜小于120mm×120mm，宜采用不低于Cb20的灌孔混凝土灌实。

2）钢筋混凝土芯柱每孔内插竖筋不应小于1$\phi$10，底部应伸入室内地坪下500mm或与基础圈梁锚固，顶部应与屋盖圈梁锚固。

3）在钢筋混凝土芯柱处，沿墙高每隔400mm应设$\phi$4钢筋网片拉结，每边伸入墙体不应小于600mm。

4）芯柱应沿房屋全高贯通，并与各层圈梁整体现浇。

5）小砌块砌体房屋采用芯柱做法时，应按表7–3的要求设置钢筋混凝土芯柱，并应满足下列要求：

**表7–3　小砌块砌体房屋芯柱设置要求**

| 建筑物层数 | | | | 设 置 部 位 | 设 置 数 量 |
|---|---|---|---|---|---|
| 抗震烈度 | | | | | |
| 6度 | 7度 | 8度 | 9度 | | |
| ≤5 | ≤4 | ≤3 | — | 外墙转角和对应转角<br>楼、电梯间四角，楼梯斜梯段上下端对应的墙体处（单层房屋除外）<br>大房间内外墙交接处<br>错层部位横墙与外纵墙交接处<br>隔12m或单元横墙与外纵墙交接处 | 外墙转角，灌实3个孔<br>内外墙交接处，灌实4个孔<br>楼梯斜段上下端对应的墙体处，灌实2个孔 |
| 6 | 5 | 4 | 1 | 同上<br>隔开间横墙（轴线）与外纵墙交接处 | |
| 7 | 6 | 5 | 2 | 同上<br>各内墙（轴线）与外纵墙交接处<br>内纵墙与横墙（轴线）交接处和洞口两侧 | 外墙转角，灌实5个孔<br>内外墙交接处，灌实4个孔<br>内墙交接处，灌实4~5个孔；洞口两侧各灌实1个孔 |
| — | 7 | 6 | 3 | 同上<br>横墙内芯柱间距不大于2m | 外墙转角，灌实7个孔<br>内外墙交接处，灌实5个孔<br>内墙交接处，灌实4~5个孔；洞口两侧各灌实1个孔 |

注：1. 外墙转角、内外墙交接处、楼电梯间四角等部位，应允许采用钢筋混凝土构造柱替代部分芯柱。

　　2. 当按相关规定确定的层数超出本表范围，芯柱设置要求不应低于表中相应抗震裂度的最高要求且宜适当提高。

①混凝土砌块砌体墙纵横墙交接处、墙段两端和较大洞口两侧宜设置不少于单孔的芯柱。

②有错层的多层房屋，错层部位应设置墙，墙中部的钢筋混凝土芯柱间距宜适当加密，在错层部位纵横墙交接处宜设置不少于4孔的芯柱。

③房屋层数或高度等于或接近表7-4中限值时，纵、横墙内芯柱间距尚应符合下列要求：

表 7-4 房屋的层数和总高度限值

| 房屋类别 | 最小抗震墙厚度（mm） | 抗震烈度和设计基本地震加速度 | | | | | | | | | | |
|---|---|---|---|---|---|---|---|---|---|---|---|---|
| | | 6 度 | | 7 度 | | | | 8 度 | | | | 9 度 | |
| | | 0.05g | | 0.10g | | 0.15g | | 0.20g | | 0.30g | | 0.40g | |
| | | 高度（m） | 层数 | 高度（m） | 层数 | 高度（m） | 层数 | 高度（m） | 层数 | 高度（m） | 层数 | 高度（m） | 层数 |
| 多层混凝土小砌块砌体房屋 | 190 | 21 | 7 | 21 | 7 | 18 | 6 | 18 | 6 | 15 | 5 | 9 | 3 |
| 底部框架－抗震墙混凝土小砌块砌体房屋 | 190 | 22 | 7 | 22 | 7 | 19 | 6 | 16 | 5 | — | — | — | — |

注：1. 房屋的总高度指室外地面到主要屋面板板顶或檐口的高度，半地下室从地下室室内地面算起，全地下室和嵌固条件好的半地下室应允许从室外地面算起；对带阁楼的坡屋面应算到山尖墙的 $\frac{1}{2}$ 高度处。

2. 室内外高差大于 0.6m 时，房屋总高度应允许比表中的数据适当增加，但增加量应少于 1.0m。

3. 乙类的多层砌体房屋仍按本地区设防烈度查表，其层数应减少一层且总高度应降低 3m；不应采用底部框架－抗震墙砌体房屋。

4. 本表小砌块砌体房屋不包括配筋小砌块砌体抗震墙房屋。

a. 底部 $\frac{1}{3}$ 楼层横墙中部的芯柱间距，抗震烈度 6 度时不宜大于 2m；7、8 度时不宜大于 1.5m；9 度时不宜大于 1.0m。

b. 当外纵墙开间大于 3.9m 时，应另设加强措施。

④对外廊式和单面走廊式的房屋、横墙较少的房屋、各层横墙很少的房屋，尚应按表 7-3 的要求设置芯柱。

6）小砌块砌体房屋的芯柱尚应符合下列构造要求：

①小砌块砌体房屋芯柱截面不宜小于 120mm×120mm。

②芯柱混凝土强度等级，不应低于 Cb20。

③芯柱的竖向插筋应贯通墙身且与圈梁连接；插筋不应小于 1φ12，6、7 度时超过 5 层、8 度时超过 4 层和 9 度时，插筋不应小于 1φ14。

④芯柱混凝土应贯通楼板，当采用装配式钢筋混凝土楼盖时，应采用贯通措施（图 7-5）。

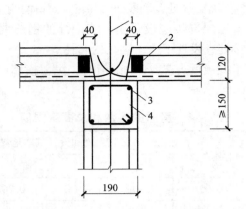

**图 7 – 5　芯柱贯穿楼板的构造**

1—芯柱插筋；2—堵头；3—1φ8；4—圈梁

⑤芯柱应伸入室外地面下 500mm 或与埋深小于 500mm 的基础圈梁相连。

### 7.1.4　砌块砌筑

**1. 组砌形式**

混凝土空心小砌块墙的立面组砌形式仅有全顺一种，上、下竖向相互错开 190mm；双排小砌块墙横向竖缝也应相互错开 190mm，见图 7 –6。

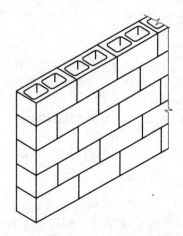

**图 7 –6　混凝土空心小砌块墙的立面组砌形式**

**2. 组砌方法**

混凝土空心小砌块宜采用铺灰反砌法进行砌筑。先用大铲或瓦刀在墙顶上摊铺砂浆，铺灰长度不宜超过 800mm，再在已砌砌块的端面上刮砂浆，双手端起小砌块，并使其底面向上，摆放在砂浆层上，并与前一块挤紧，并使上下砌块的孔洞对准，挤出的砂浆随手刮去。若使用一端有凹槽的砌块时，应将有凹槽的一端接着平头的一端砌筑。

**3. 组砌要点**

1）小砌块砌筑应从转角或定位处开始，内外墙同时砌筑，纵横墙交错搭接。外墙转角处应使小砌块隔皮露端面；T形交接处应使横墙小砌块隔皮露端面，纵墙在交接处改砌两块辅助规格小砌块（尺寸为290mm×190mm×190mm，一头开口），所有露端面用水泥砂浆抹平，见图7-7。

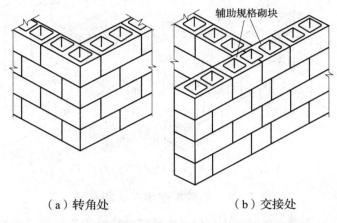

（a）转角处　　　　　　（b）交接处

**图7-7　小砌块墙转角处及 T 字交接处砌法**

2）小砌块应对孔错缝搭砌。上下皮小砌块竖向灰缝相互错开190mm。个别情况当无法对孔砌筑时，普通混凝土小砌块错缝长度不应小于90mm，轻骨料混凝土小砌块错缝长度不应小于120mm；当不能保证此规定时，应在水平灰缝中设置2$\phi$4钢筋网片，钢筋网片每端均应超过该垂直灰缝，其长度不得小于300mm，见图7-8。

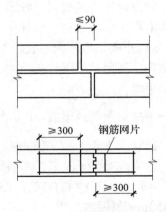

**图7-8　水平灰缝中拉结筋**

3）砌块应逐块铺砌，采用满铺、满挤法。灰缝应做到横平竖直，全部灰缝均应填满砂浆。水平灰缝宜用坐浆满铺法。垂直缝可先在砌块端头铺满砂浆（即将砌块铺浆的端面朝上依次紧密排列），然后将砌块上墙挤压至要求的尺寸；也可在砌好的砌块端头刮满砂浆，然后将砌块上墙进行挤压，直至所需尺寸。

4）砌块砌筑一定要跟线，"上跟线，下跟棱，左右相邻要对平"。同时应随时进行检查，做到随砌随查随纠正，以便返工。

5）每当砌完一块，应随后进行灰缝的勾缝（原浆勾缝），勾缝深度一般为3~5mm。

6）外墙转角处严禁留直槎，宜从两个方向同时砌筑。墙体临时间断处应砌成斜槎。斜槎长度不应小于高度的$\frac{2}{3}$。如留斜槎有困难，除外墙转角处及抗震设防地区，墙体临时间断处不应留直槎外，可从墙面伸出200mm砌成阴阳槎，并沿墙高每三皮砌块（600mm）设拉结钢筋或钢筋网片，拉结钢筋用两根直径6mm的HPB300级钢筋；钢筋网片用$\phi$4的冷拔钢丝。埋入长度从留槎处算起，每边均不小于600mm，见图7-9。

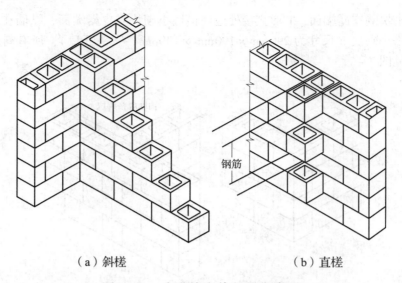

（a）斜槎 （b）直槎

**图 7-9 小砌块砌体斜槎和直槎**

7）小砌块用于框架填充墙时，应与框架中预埋的拉结钢筋连接。当填充墙砌至顶面最后一皮，与上部结构相接处宜用实心小砌块（或在砌块孔洞中填 Cb15 混凝土）斜砌挤紧。

对设计规定的洞口、管道、沟槽和预埋件等，应在砌筑时预留或预埋，严禁在砌好的墙体上打凿。在小砌块墙体中不得留水平沟槽。

8）小砌块墙体内不宜留脚手眼，如必须留设时，可用 190mm × 190mm × 190mm 小砌块侧砌，利用其孔洞作脚手眼，墙体完工后用 C15 混凝土填实。但在墙体下列部位不得留设脚手眼：

①过梁上与过梁成 60°角的三角形范围及过梁净跨度 $\frac{1}{2}$ 的高度范围内。

②宽度小于 1m 的窗间墙。

③梁或梁垫下及其左右各 500mm 范围内。

④门窗洞口两侧石砌体 300mm，其他砌体 200mm 范围内，转角处石砌体 600mm，砌体 450mm 范围内。

⑤设计不允许设置脚手眼的部位。

9）安装预制梁、板时，必须坐浆垫平，不得干铺。当设置滑动层时，应按设计要求处理。板缝应按设计要求填实。

砌体中设置的圈梁应符合设计要求，圈梁应连续地设置在同一水平上，并形成闭合状，且应与楼板（屋面板）在同一水平面上，或紧靠楼板底（屋面板底）设置；当不能在同一水平上闭合时，应增设附加圈梁，其搭接长度应不小于圈梁距离的两倍，同时也不得小于 1m；当采用槽形砌块制作组合圈梁时，槽形砌块应采用强度等级不低于 Mb10 的砂浆砌筑。

10）对墙体表面的平整度和垂直度、灰缝的均匀程度及砂浆饱满程度等，应随时检查并校正所发现的偏差。在砌完每一楼层以后，应校核墙体的轴线尺寸和标高，在允许范围内的轴线和标高的偏差，可在楼板面上予以校正。

### 7.1.5 芯柱施工

1）每根芯柱的柱脚部位应采用带清扫口的 U 形、E 形或 C 形等异形小砌块砌筑。

2）砌筑中应及时清除芯柱孔洞内壁及孔道内掉落的砂浆等杂物。

3）芯柱的纵向钢筋应采用带肋钢筋，并从每层墙（柱）顶向下穿入小砌块孔洞，通过清扫口与从圈梁（基础圈梁、楼层圈梁）或连系梁伸出的竖向插筋绑扎搭接。搭接长度应符合设计要求。

4）用模板封闭清扫口时，应有防止混凝土漏浆的措施。

5）灌筑芯柱的混凝土前，应先浇 50mm 厚与灌孔混凝土成分相同不含粗骨料的水泥砂浆。

6）芯柱的混凝土应待墙体砌筑砂浆强度等级达到 1MPa 及以上时，方可浇灌。

7）芯柱的混凝土坍落度不应小于 90mm；当采用泵送时，坍落度不宜小于 160mm。

8）芯柱的混凝土应按连续浇灌、分层捣实的原则进行操作，直浇至离该芯柱最上一皮小砌块顶面 50mm 止，不得留施工缝。振捣时，宜选用微型行星式高频振动棒。

9）芯柱沿房屋高度方向应贯通。当采用预制钢筋混凝土楼板时，其芯柱位置处的每层楼面应预留缺口或设置现浇钢筋混凝土板带。

10）芯柱的混凝土试件制作、养护和抗压强度取值应符合现行国家标准《混凝土结构工程施工质量验收规范》GB 50204—2015 的规定。混凝土配合比变更时，应相应制作试块。施工现场实测检验宜采用锤击法敲击芯柱外表面。必要时，可采用钻芯法或超声法检测。

## 7.2 加气混凝土小型砌块砌体

### 7.2.1 构造

1）加气混凝土砌块仅用作砌筑墙体，有单层墙和双层墙。单层墙是砌块侧立砌筑，墙厚等于砌块宽度。双层墙由两侧单层墙及其间拉结筋组成，两侧墙之间留 75mm 宽的空气层。拉结筋可采用 $\phi 4 \sim \phi 6$ 钢筋扒钉（或 8 号铅丝），沿墙高 500mm 左右放一层拉结筋，其水平间距为 600mm（见图 7 – 10）。

2）承重加气混凝土砌块墙的外墙转角处、T 字交接处、十字交接处，均应在水平灰缝中设置拉结筋，拉结筋用 $3\phi 6$ 钢筋，拉结筋沿墙高 1m 左右放置一道，拉结筋伸入墙内不少于 1m（见图 7 – 11）。山墙部位沿墙高 1m 左右加 $3\phi 6$ 通长钢筋。

3）非承重加气混凝土砌块墙的转角处以及与承重砌块墙的交接处，也应在水平灰缝中设置拉结筋，拉结筋用 $2\phi 6$，伸入墙内不小于 700mm（见图 7 – 12）。

4）加气混凝土砌块墙的窗洞口下第一皮砌块下的水平灰缝内应放置 $3\phi 6$ 钢筋，钢筋两端应伸过窗洞立边 500mm（见图 7 – 13）。

5）加气混凝土砌块墙中洞口过梁，可采用配筋过梁或钢筋混凝土过梁。配筋过梁依洞口宽度大小配 $2\phi 8$ 或 $3\phi 8$ 钢筋，钢筋两端伸入墙内不小于 500mm，其砂浆层厚度为 30mm，钢筋混凝土过梁高度为 60mm 或 120mm，过梁两端伸入墙内不小于 250mm（见图 7 – 14）。

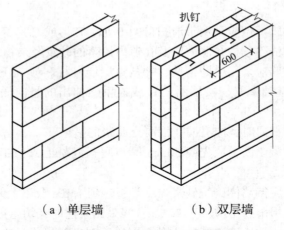

（a）单层墙 　　　（b）双层墙

**图 7 – 10　加气混凝土砌块墙**

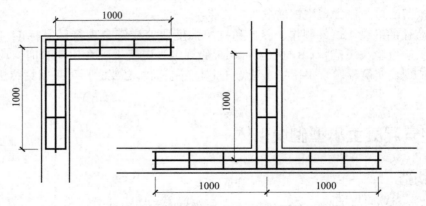

**图 7 – 11　承重砌块墙灰缝中拉结筋**

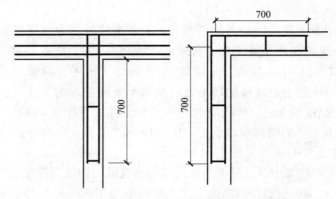

**图 7 – 12　非承重砌块墙灰缝中拉结筋**

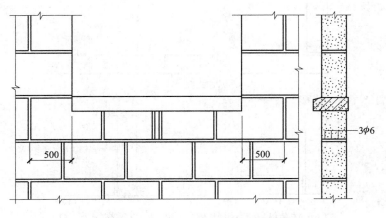

图 7 – 13 砌块墙窗洞口下附加筋

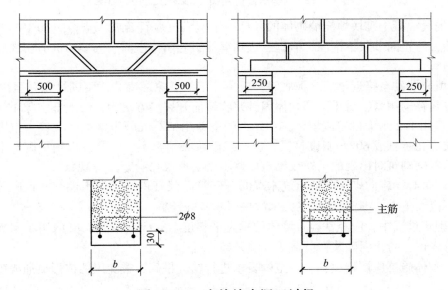

图 7 – 14 砌块墙中洞口过梁

## 7.2.2 施工要点

1）加气混凝土砌块砌筑时，其产品龄期应超过 28d。进场后应按品种、规格分别堆放整齐。堆置高度不宜超过 2m，并应防止雨淋。砌筑时，应向砌筑面适量浇水。

2）砌筑加气混凝土砌块应采用专用工具，如铺灰铲、刀锯、手摇钻、镂槽器、平直架等。

3）砌筑加气混凝土砌块墙时，墙底部应砌烧结普通砖或多孔砖，或普通混凝土小型空心砌块，或现浇混凝土墙垫等，其高度不宜小于 200mm。

4）加气混凝土砌块应错缝搭砌，上下皮砌块的竖向灰缝至少错开 200mm。

5）加气混凝土砌块墙的转角处、T 字交接处分皮砌法见图 7 – 15。

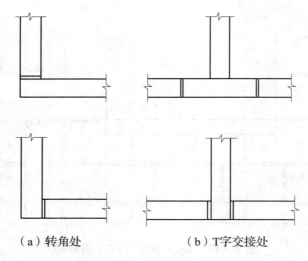

（a）转角处            （b）T字交接处

**图 7－15　砌块墙转角处、交接处分皮砌法**

6）加气混凝土砌块填充墙砌体的灰缝砂浆饱满度应符合施工规范≥80%的要求，尤其是外墙，防止因砂浆不饱满、假缝、透明缝等引起墙体渗漏、内墙的抗剪切强度不足引起质量通病。

7）填充墙砌至接近梁底、板底时，应留一定的空隙，待填充墙砌筑完并至少间隔7d后，再将其补砌挤紧，防止上部砌体因砂浆收缩而开裂。方法为：当上部空隙小于或等于20mm时，用1∶2水泥砂浆嵌填密实；稍大的空隙用细石混凝土镶填密实；大空隙用烧结标准砖或多孔砖宜成60°角斜砌挤紧，但砌筑砂浆必须密实，不允许出现平砌、生摆（填充墙上部斜砌砌筑时出现的干摆或砌筑砂浆不密实形成孔洞等）等现象。

8）砌筑时，应向砌筑面适量浇水湿润，砌筑砂浆有良好的保水性，并且砌筑砂浆铺设长度不应大于2m，避免因砂浆失水过快引起灰缝开裂。

9）砌筑过程中，应经常检查墙体的垂直平整度，并应在砂浆初凝前用小木槌或撬杠轻轻进行修正，防止因砂浆初凝造成灰缝开裂。

10）砌体施工应严格按施工规范的要求进行错缝搭砌，避免因墙体形成通缝削弱其稳定性。

11）蒸压加气混凝土砌块填充墙砌体施工过程中，严格按设计要求留设构造柱，当设计无要求时，应按墙长度每5m设构造柱。构造柱应置于墙的端部、墙角和T形交叉处。构造柱马牙槎应先退后进，进退尺寸大于60mm，进退高度宜为砌块1~2层高度，且在300mm左右。

12）加气混凝土砌块砌体中不得留脚手眼。

13）加气混凝土砌块不应与其他块材混砌。

14）加气混凝土砌体如无切实有效措施，不得在以下部位使用：

①建筑物室内地面标高±0.000以下。

②长期浸水或经常受干湿交替部位。

③受化学环境侵蚀，如强酸、强碱或高浓度二氧化碳等的环境。

④制品表面经常处于80℃以上的高温环境。

# 8 石砌体的砌筑

## 8.1 毛石砌体砌筑

### 8.1.1 毛石基础砌筑

毛石基础是用乱毛石和平毛石（平毛石指形状虽不规则，但有两个平面大致平行的石块）与水泥砂浆或水泥混合砂浆砌筑而成。

**1. 毛石的基础构造**

毛石基础的断面形式有阶梯形和梯形（见图 8 – 1），基础的顶面宽度应比墙厚大200mm，每边宽出100mm，每阶高度一般为 300～400mm，并至少砌二皮毛石。上阶梯的石块应至少压砌下级阶梯的$\frac{1}{2}$。相邻阶梯的毛石应相互错缝搭砌。砌第一层石块时，基底要坐浆，石块大面向下。基础的最上一层石块宜选用较大的毛石砌筑。基础的第一层及转角处、交接处和洞口处选用较大的平毛石。

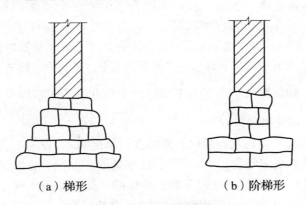

（a）梯形　　　　　　（b）阶梯形

**图 8 – 1　毛石基础截面形式**

毛石砌筑一般用铺浆法砌筑。灰缝厚度宜为 20～30mm，砂浆应饱满。毛石宜分皮卧砌，上下错缝，内外搭接。不得采用外面侧立石块，中间填心的砌筑方法。每日砌筑高度不宜超过 1.2m。

**2. 毛石基础的砌筑要点**

（1）砌筑前检查。砌筑前应先检查基槽尺寸、垫层的厚度和标高。如果基槽有积水，在排除积水后要清除污泥，然后夯填入100mm厚碎石或卵石，使其嵌入地基内，起到挤密加固作用。如果基槽过分干燥，并已有酥松的浮土时，应用水壶洒少量水，然后夯实。

（2）挂准线。检查基槽的宽度、深度无误后，可放出基槽线及砌体中线和边线，再立挂线杆及拉准线。挂准线的做法：在基槽两端的两侧各立一根木杆，上部再钉一根横杆，根据基槽的宽度拉好立线［见图 8 – 2（a）］，然后根据基础边线在墙阴阳角处先砌两层较方正的石块，依此挂水平准线，作为砌石的水平标准。

当砌矩形或梯形截面的基础时，按照设计尺寸，用 50mm×50mm 的小木条钉成样架，立于基槽两端，在样架梯上注明标高，两端样架相应高度用准线连接，作为砌筑的依据[见图 8-2（b）]。

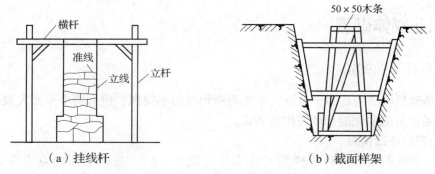

（a）挂线杆　　　　　　　　　　（b）截面样架

**图 8-2　立杆与截面样架**

砌阶梯形毛石基础时，应将横杆上的立线按基础宽度向中间移动，移动退后所需的宽，再拉水平准线。每当一退台砌完，进行下一退台前，应重复检查一次砌体中心位置，发现偏差应立即纠正。

（3）砌角石。开始砌第一层基础时，应选择比较方正的石块砌在大角处，俗称"角石"。角石一经固定，房屋的位置也就确定了，因此"角石"也叫"定位石"。角石应选择三面方正，大小差不多的石块，如不适用时，应进行加工。除了角石以外，第一层一般也应选择比较平整的石块，砌筑时应将石块较平整的搭面朝下，要放稳、放平，用脚踩时不活动。

（4）错缝搭砌。砌筑第二层是要上下错缝，上级台阶的石块应至少压砌下台阶的 $\frac{1}{2}$。相邻台阶的毛石也应相互错缝搭砌。

（5）砌拉结石。为了保证毛石基础的整体性，每层间隔 1m 左右，必须砌一块横贯墙身的拉结石（又称丁石或满墙石）。上、下层拉结是要相互错开位置，在立面上拉结石的位置呈梅花状，如图 8-3 所示。拉结石要选平整的，如墙厚等于或小于 400mm，其长度应等于墙厚；墙厚大于 400mm，可用两块拉结石内外搭接，搭接长度不应小于 150mm，且其中一块长度不应小于墙厚的 $\frac{2}{3}$。

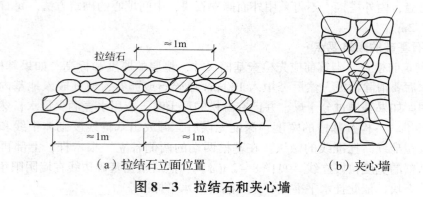

（a）拉结石立面位置　　　　　　（b）夹心墙

**图 8-3　拉结石和夹心墙**

砌石时，应先砌里外两面后砌中间石，但应防止砌成夹心墙。基础墙中如有孔洞时应预先留出，不得砌后凿洞。沉降缝处应分段砌筑，不应搭砌。毛石基础砌完后用砂浆把墙缝嵌塞严密。

（6）墙基留槎。墙基如需留槎时，不得留在外墙或纵横墙结合处，要求至少应伸出墙转角或纵横墙交接处 1～1.5m，并留踏步接槎。

## 8.1.2 毛石墙砌筑

毛石墙的厚度不宜小于 350mm。毛石墙所用石块，顶面宽度不得小于 15cm。不应使用斧刃石，以防上层石块滑动及勾缝不易严实。不应出现图 8-4 所示类型的砌石，以免墙体承重后发生错位、劈裂、外胶等现象。

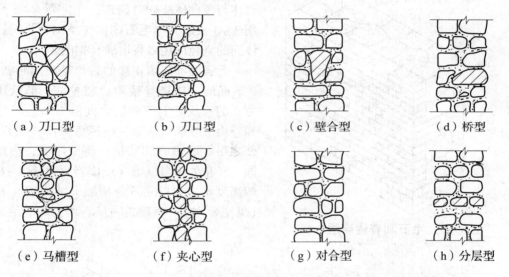

| （a）刀口型 | （b）刀口型 | （c）壁合型 | （d）桥型 |

| （e）马槽型 | （f）夹心型 | （g）对合型 | （h）分层型 |

**图 8-4 错误的砌石类型**

毛石砌体宜分皮卧砌，各皮石块间应利用自然形状经敲打修整使能与先砌石块基本吻合、搭砌紧密；应上下错缝、内外搭砌，不得采用外面侧立石块中间填心的砌筑方法；中间不得有铲口石（尖石倾斜向外的石块）、斧刃石（尖石垂直向下的石块）和过桥石（仅在两端搭砌的石块）（见图 8-5）。

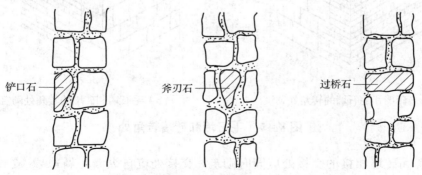

铲口石　　斧刃石　　过桥石

**图 8-5 铲口石、斧刃石、过桥石**

毛石砌体的灰缝厚度宜为 20~30mm，石块间不得有相互接触现象。石块间较大的空隙应填塞砂浆后用碎石块嵌实，不得采用先摆碎石后塞砂浆或干填碎石块的方法。

毛石砌体的第一皮及转角处、交接处和洞口处，应用较大的平毛石砌筑。每个楼层（包括基础）砌体的最上一皮，宜选用较大的毛石砌筑。

毛石砌体必须设置拉结石。拉结石应均匀分布，相互错开。毛石墙一般每 $0.7m^2$ 墙面至少应设置 1 块，且同皮内的中距不应大于 2m。拉结石长度，如墙厚≤400mm，应与墙厚相等；如墙厚≥400mm，可用两块拉结石内外搭接，搭接长度≥150mm，且其中一块长度不应小于基础宽度或墙厚的 $\frac{2}{3}$。

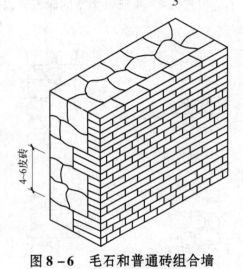

**图 8-6 毛石和普通砖组合墙**

在毛石和烧结普通砖的组合墙中，毛石砌体与砖砌体应同时砌筑，并每隔 4~6 皮砖用 2~3 皮丁砖与毛石砌体拉结砌合，两种砌体间的空隙应用砂浆填满（见图 8-6）。

毛石墙和砖墙相接的转角处应同时砌筑。砌转角时，应选择棱角比较整齐，形状比较方正的石块。上下两层之间的石块应长短交错。内、外墙衔接处应选择适当尺寸的石块，使之很好地错缝和咬槎，严密压实，衔接牢固。转角处应自纵墙（或横墙）每隔 4~6 皮砖高度砌出≥120mm 与横墙（或纵墙）相接（见图 8-7）。每砌筑一层石块，均应吊线找正。

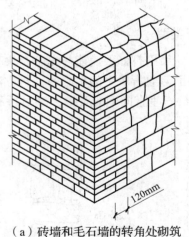

（a）砖墙和毛石墙的转角处砌筑

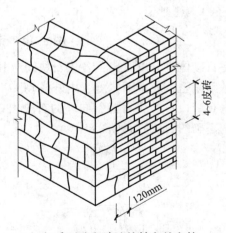

（b）毛石墙和砖墙的转角处砌筑

**图 8-7 毛石墙和砖墙转角处**

毛石墙和砖墙相接的交接处应同时砌筑。交接处应自纵墙每隔 4~6 皮砖高度砌出 ≥120mm 与横墙相接（见图 8-8）。

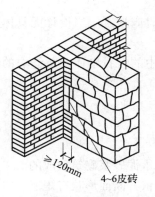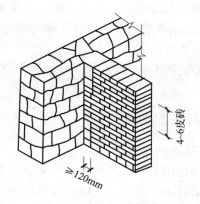

（a）砖纵墙和毛石墙交接处砌筑　　　（b）毛石纵墙和砖横墙交接处砌筑

**图 8 – 8　毛石墙和砖墙交接处**

　　如在中途停工或晚间收工时，应在已砌好的砌体竖缝中填满砂浆，但表面不准铺砂浆，以便继续施工时接合。继续砌筑时，应清除砌体上面的杂物，并洒水湿润砌体表面。

　　毛石砌体每日砌筑高度不应超过 1.2m。每砌一步架，要大致找平一次。砌到墙顶时，应用 1:3 水泥砂浆全面找平，标高应符合设计要求。

## 8.2　料石砌体砌筑

### 8.2.1　施工要求

　　1）石砌体工程所用的材料应有产品的合格证书、产品性能检测报告。料石、水泥、外加剂等应有材料主要性能的进场合格证及复试报告。

　　2）砌筑石材基础前应校核放线尺寸，其允许偏差应符合表 8 – 1 的规定。

**表 8 – 1　放线尺寸的允许偏差**

| 长度 $L$、宽度 $B$（m） | 允许偏差（mm） |
| --- | --- |
| $L$（或 $B$）≤30 | ±5 |
| 30 < $L$（或 $B$）≤60 | ±10 |
| 60 < $L$（或 $B$）≤90 | ±15 |
| $L$（或 $B$）>90 | ±20 |

　　3）石砌体砌筑顺序应符合的规定如下：

　　①基底标高不同时，应从低处砌起，并应由高处向低处搭砌。当设计无要求时，搭接长度不应小于基础扩大部分的高度。

　　②料石砌体的转角处和交接处应同时砌筑。当不能同时砌筑时，应按规定留槎、接槎。

　　4）设计要求的洞口、管道、沟槽应于料石砌体砌筑前正确留出或预埋，未经设计同意，不得打凿料石墙体或在料石墙体上开凿水平沟槽。

5）搁置预制梁板的料石砌体顶面应找平，安装时应坐浆。当设计无具体要求时，应采用1:2.5的水泥砂浆。

6）设置在潮湿环境或有化学侵蚀性介质的环境中的料石砌体，灰缝内的钢筋应采取防腐措施。

## 8.2.2 料石基础砌筑

### 1. 料石基础的构造

料石基础是用毛料石或粗料石与水泥混合砂浆或水泥砂浆砌筑而成的。

料石基础有墙下的条形基础和柱下独立基础等。依其断面形状有矩形、阶梯形等，如图8－9所示。阶梯形基础每阶挑出宽度不大于200mm，每阶为一皮或二皮料石。

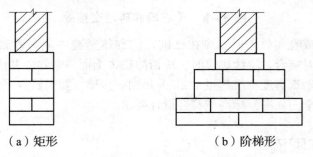

（a）矩形          （b）阶梯形

**图8－9 料石基础断面形状**

### 2. 料石基础的组砌形式

料石基础砌筑形式有顶顺叠砌和顶顺组砌。顶顺叠砌是一皮顺石与一皮顶石相隔砌成，上下皮竖缝相互错开$\frac{1}{2}$石宽；顶顺组砌是同皮内1~3块顺石与一块顶石相隔砌成，顶石中距不大于2m，上皮顶石坐中于下皮顺石，上下皮竖缝相互错开至少$\frac{1}{2}$石宽，如图8－10所示。

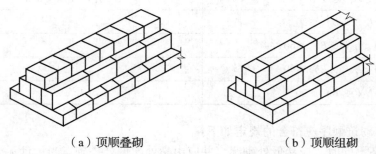

（a）顶顺叠砌          （b）顶顺组砌

**图8－10 料石基础砌筑形式**

### 3. 砌筑准备

1）放好基础的轴线和边线，测出水平标高，立好皮数杆。皮数杆间距以不大于15m为宜，在料石基础的转角处和交接处均应设置皮数杆。

2）砌筑前，应将基础垫层上的泥土、杂物等清除干净，并浇水润湿。

3）拉线检查基础垫层表面标高是否符合设计要求。如第一皮水平灰缝厚度超过20mm时，应用细石混凝土找平，不得用砂浆或在砂浆中掺碎砖或碎石代替。

4）常温施工时，砌石前一天应将料石浇水润湿。

**4. 砌筑要点**

1）料石基础宜用粗料石或毛料石与水泥砂浆砌筑。料石的宽度、厚度均不宜小于200mm，长度不宜大于厚度的4倍。料石强度等级不应低于 M20。砂浆强度等级不应低于 M5。

2）料石基础砌筑前，应清除基槽底杂物；在基槽底面上弹出基础中心线及两侧边线；在基础两端立起皮数杆，在两皮数杆之间拉准线，依准线进行砌筑。

3）料石基础的第一皮石块应坐浆砌筑，即先在基槽底摊铺砂浆，再将石块砌上，所有石块应丁砌，以后各皮石块应铺灰挤砌，上下错缝，搭砌紧密，上下皮石块竖缝相互错开应不少于石块宽度的 $\frac{1}{2}$。料石基础立面组砌形式宜采用一顺一丁，即一皮顺石与一皮丁石相间。

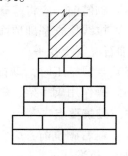

4）阶梯形料石基础，上阶的料石至少压砌下阶料石的 $\frac{1}{3}$，如图 8-11 所示。

**图 8-11　阶梯形料石基础**

①料石基础的水平灰缝厚度和竖向灰缝宽度不宜大于 20mm。灰缝中砂浆应饱满。

②料石基础宜先砌转角处或交接处，再依准线砌中间部分，临时间断处应砌成斜槎。

## 8.2.3　料石墙砌筑

**1. 料石墙的组砌形式**

料石墙砌筑形式有以下几种，如图 8-12 所示。

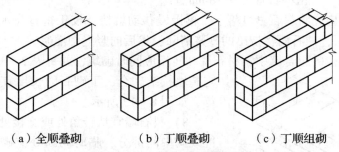

　　（a）全顺叠砌　　　　（b）丁顺叠砌　　　　（c）丁顺组砌

**图 8-12　料石墙砌筑形式**

（1）全顺叠砌。每皮均为顺砌石，上下皮竖缝相互错开 $\frac{1}{2}$ 石长。此种砌筑形式适合于墙厚等于石宽时。

（2）丁顺叠砌。一皮顺砌石与一皮丁砌石相隔砌成，上下皮顺石与丁石间竖缝相互错开 $\frac{1}{2}$ 石宽，这种砌筑形式适合于墙厚等于石长时。

（3）丁顺组砌。同皮内每 1~3 块顺石与一块顶石相间砌成，上皮丁石坐中于下皮顺石，上下皮竖缝相互错开至少 $\frac{1}{2}$ 石宽，丁石中距不超过 2m。这种砌筑形式适合于墙厚等于或大于两块料石宽度时。

料石还可以与毛石或砖砌成组合墙。料石与毛石的组合墙，料石在外，毛石在里；料石与砖的组合墙，料石在里，砖在外，也可料石在外，砖在里。

**2. 砌筑准备**

1）基础通过验收，土方回填完毕，并办完隐检手续。

2）在基础丁面放好墙身中线与边线及门窗洞口位置线，测出水平标高，立好皮数杆。皮数杆间距以不大于 15m 为宜，在料石墙体的转角处和交接处均应设置皮数杆。

3）砌筑前，应将基础顶面的泥土、杂物等清除干净，并浇水润湿。

4）拉线检查基础顶面标高是否符合设计要求。如第一皮水平灰缝厚度超过 20mm 时，应用细石混凝土找平，不得用砂浆或在砂浆中掺碎砖或碎石代替。

5）常温施工时，砌石前 1d 应将料石浇水润湿。

6）操作用脚手架、斜道以及水平、垂直防护设施已准备妥当。

**3. 砌筑要点**

1）料石砌筑前，应在基础丁面上放出墙身中线和边线及门窗洞口位置线并抄平，立皮数杆，拉准线。

2）料石砌筑前，必须按照组砌图将料石试排妥当后，才能开始砌筑。

3）料石墙应双面拉线砌筑，全顺叠砌单面挂线砌筑。先砌转角处和交接处，后砌中间部分。

4）料石墙的第一皮及每个楼层的最上一皮应丁砌。

5）料石墙采用铺浆法砌筑。料石灰缝厚度：毛料石和粗料石墙砌体不宜大于 20mm，细料石墙砌体不宜大于 5mm。砂浆铺设厚度略高于规定灰缝厚度，其高出厚度：细料石为 3~5mm，毛料石、粗料石宜为 6~8mm。

6）砌筑时，应先将料石里口落下，再慢慢移动就位，校正垂直与水平。在料石砌块校正到正确位置后，顺石面将挤出的砂浆清除，然后向竖缝中灌浆。

7）在料石和砖的组合墙中，料石墙和砖墙应同时砌筑，并每隔 2~3 皮料石用丁砌石与砖墙拉结砌合，丁砌石的长度宜与组合墙厚度相等，如图 8-13 所示。

8）料石墙宜从转角处或交接处开始砌筑，再依准线砌中间部分，临时间断处应砌成斜槎，斜槎长度应不小于斜槎高度。料石墙每日砌筑高度不宜超过 1.2m。

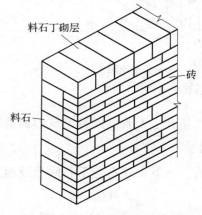

**图 8-13 料石和砖组合墙**

**4. 墙面勾缝**

1）石墙勾缝形式有平缝、凹缝、凸缝，凹缝又分为平凹缝、半圆凹缝，凸缝又分为平凸缝、半圆凸缝、三角凸缝，如图 8-14 所示。一般料石墙面多采用平缝或平凹缝。

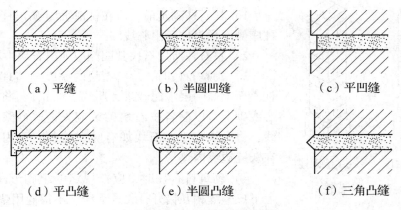

（a）平缝 　　　　（b）半圆凹缝 　　　　（c）平凹缝

（d）平凸缝 　　　　（e）半圆凸缝 　　　　（f）三角凸缝

**图 8 - 14　石墙勾缝形式**

2）料石墙面勾缝前要先剔缝，将灰缝凹入 20 ~ 80mm。墙面用水喷洒润湿，不整齐处应修整。

3）料石墙面勾缝应采用加浆勾缝，并宜采用细砂拌制 1∶1.5 水泥砂浆，也可采用水泥石灰砂浆或掺入麻刀（纸筋）的青灰浆。有防渗要求的，可用防水胶泥材料进行勾缝。

4）勾平缝时，用小抿子在托灰板上刮灰，塞进石缝中严密压实，表面压光。勾缝应顺石缝进行，缝与石面齐平，勾完一段后，用小抿子将缝边毛槎修理整齐。

5）勾平凸缝（半圆凸缝或三角凸缝）时，先用 1∶2 水泥砂浆抹平，待砂浆凝固后，再抹一层砂浆，用小抿子压实、压光，稍停等砂浆收水后，用专用工具捋成 10 ~ 25mm 宽窄一致的凸缝。

6）石墙面勾缝：

①拆除墙面或柱面上临时装设的电缆、挂钩等物。

②清除墙面或柱面上黏结的砂浆、泥浆、杂物和污渍等。

③剔缝，即将灰缝刮深 20 ~ 30mm，不整齐处加以修整。

④用水喷洒墙面或柱面使其润湿，随后进行勾缝。

7）料石墙面勾缝应从上向下、从一端向另一端依次进行。

8）料石墙面勾缝缝路顺石缝进行，且均匀一致，深浅、厚度相同，搭接平整通顺。阳角勾缝两角方正，阴角勾缝不能上下直通。严禁出现丢缝、开裂或黏结不牢等现象。

9）勾缝完毕，清扫墙面或柱面，表面洒水养护，防止干裂和脱落。

## 8.2.4　料石柱砌筑

### 1. 料石柱的构造

料石柱是用半细料石或细料石与水泥混合砂浆或水泥砂浆砌成的。

料石柱有整石柱和组砌柱两种。整石柱每一皮料石是整块的，即料石的叠砌面与柱断面相同，只有水平灰缝，无竖向灰缝。柱的断面形状多为方形、矩形或圆形。组砌柱每皮由几块料石组砌，上下皮竖缝相互错开，柱的断面形状有方形、矩形、T 形或十字形，如图 8 - 15 所示。

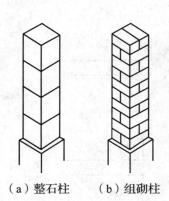

（a）整石柱　（b）组砌柱

**图 8 – 15　料石柱**

**2. 料石柱砌筑**

1）料石柱砌筑前，应在柱座面上弹出柱身边线，在柱座侧面弹出柱身中心线。

2）整石柱所用石块其四侧应弹出石块中心线。

3）砌整石柱时，应将石块的叠砌面清理干净。先在柱座面上抹一层水泥砂浆，厚约 10mm，再将石块对准中心线砌上，以后各皮石块砌筑应先铺好砂浆，对准中心线，将石块砌上。石块如有竖向偏斜，可用铜片或铝片在灰缝边缘内垫平。

4）砌筑料石柱时，应按规定的组砌形式逐皮砌筑，上下皮竖缝相互错开，无通天缝，不得使用垫片。

5）灰缝要横平竖直。灰缝厚度：细料石柱不宜大于 5mm，半细料石柱不宜大于 10mm。砂浆铺设厚度应略高于规定灰缝厚度，高出厚度为 3～5mm。

6）砌筑料石柱，应随时用线坠检查整个柱身的垂直，如有偏斜应拆除重砌，不得用敲击方法去纠正。

7）料石柱每天砌筑高度不宜超过 1.2m。砌筑完后应立即加以围护，严禁碰撞。

## 8.2.5　石过梁砌筑

石过梁有平砌式过梁、平拱和圆拱三种。

平砌式过梁用料石制作，过梁厚度应为 200～450mm，宽度与墙厚相等，长度不超过 1.7m，其底面应加工平整。当砌到洞口顶时，即将过梁砌上，过梁两端各伸入墙内长度应不小于 250mm。过梁上续砌石墙时，其正中石块长度不应小于过梁净跨度的 $\frac{1}{3}$，其两旁应砌上不小于过梁净跨 $\frac{2}{3}$ 的料石，如图 8 – 16 所示。

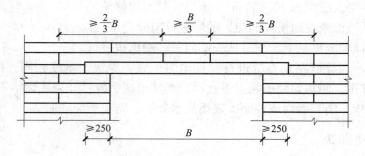

**图 8 – 16　平砌式石过梁**

石平拱所用料石应按设计要求加工，如无设计规定时，则应加工成楔形（上宽下窄）。平拱的拱脚处坡度以 60° 为宜，拱脚高度为二皮料石高。平拱的石块应为单数，石块厚度与墙厚相等，石块高度为二皮料石高。砌筑平拱时，应先在洞口顶支设模板。从两边拱脚处开始，对称地向中间砌筑，正中一块锁石要挤紧。所用砂浆的强度等级不应低于 M10，灰缝厚度为 5mm，如图 8 – 17 所示。砂浆强度达到设计强度的 70% 时拆模。

石圆拱所用料石应进行细加工，使其接触面吻合严密，形状及尺寸均应符合设计要求。砌筑时应先在洞口顶部支设模板，由拱脚处开始对称地向中间砌筑，正中一块拱冠石要对中挤紧，如图 8 – 18 所示。所用砂浆的强度等级不应低于 M10，灰缝厚度为 5mm。砂浆强度达到设计强度的 70% 时方可拆模。

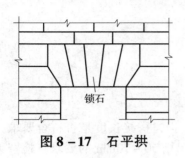

**图 8 – 17　石平拱**

**图 8 – 18　石圆拱**

# 9 坡屋面挂瓦、给水排水工程和砖地面铺设

## 9.1 坡屋面挂瓦

### 9.1.1 平瓦屋面

**1. 施工前准备工作**

（1）技术条件准备。

1）检查屋面基层油毡防水层是否平整，有无破损，搭接长度是否符合要求，挂瓦条是否钉牢，间距是否正确。檐口挂瓦条应满足檐瓦出檐 50~70mm 的要求。检查无误后方可运瓦上屋面。

2）检查脚手架的牢固程度，高度是否超出檐口 1m 以上。

（2）材料准备。

1）凡缺边、掉角、裂缝、砂眼、翘曲不平和缺少瓦爪的瓦不得使用，并准备好山墙、天沟处的半片瓦。

2）运瓦可利用垂直运输机械运到屋面标高，然后按脚手分散到檐口各处堆放。向屋顶运输主要靠人力传递的方法，每次传递两块平瓦，分散堆放在坡屋面上，防止碰破油毡。

3）瓦在屋面上的堆放，以一垛九块均匀摆开，横向瓦堆的间距约为两块瓦长，坡向间距为两根瓦条，呈梅花状放置，称"一步九块瓦"，见图 9-1（a）。亦可每四根瓦条间堆放一行（俗称一铺四），开始先平摆 5~6 张瓦（俗称搭登子）作为靠山。然后侧摆堆放，见图 9-1（b）。

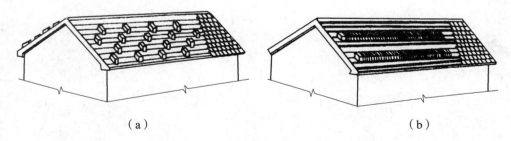

|（a）| |（b）|

**图 9-1 平瓦堆放**

在堆瓦时应两坡同时进行，以免屋架受力变形。

**2. 铺瓦**

1）铺瓦的顺序是先从檐口开始到屋脊，从每坡屋面的左侧山头向右侧山头进行。檐口的第一块瓦应拉准线铺设，平直对齐，并用铁丝和檐口挂瓦条拴牢。

2）上下两楞瓦应错开半张，使上行瓦的沟槽在下行瓦当中，瓦与瓦之间应落槽挤紧，不能空搁，瓦爪必须勾住挂瓦条。

3）在风大地区、地震区或屋面坡度大于30°的瓦屋面及冷摊瓦屋面，瓦应固定，每一排一般要用20号镀锌铁丝穿过瓦鼻小孔与挂瓦条扎牢。

4）一般矩形屋面的瓦应与屋檐保持垂直，可以间隔一定距离弹好垂直线加以控制。

### 3. 天沟、戗角（斜脊）与泛水做法

1）天沟和戗角（斜脊）处一般先试铺，然后按天沟走向弹出墨线编号，并把瓦片切割好，再按编号顺序铺盖。天沟的底部用厚度为0.45～0.75mm的镀锌钢板铺盖，铺盖前应涂刷两道防锈漆，一般薄钢板应伸入瓦下面不少于150mm。瓦铺好以后用掺麻刀的混合砂浆抹缝，见图9-2（a）。戗角（斜脊）也要按天沟做法弹线、编号，切割瓦片。待瓦片铺设好以后，再按做脊的方法盖上脊瓦，见图9-2（b）。

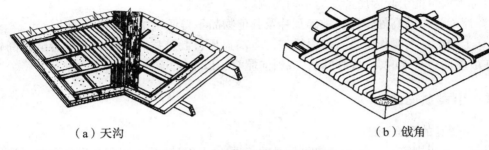

（a）天沟　　　　　　　　　　　（b）戗角

**图9-2　天沟及戗角（斜脊）**

2）山墙处的泛水，如果山墙高度与屋面平，则只要在山墙边压一行条砖，然后用1:2.5水泥砂浆抹严实作出披水线就行了；如果是高出屋面的山墙（高封山），其泛水做法见图9-3。

### 4. 做脊

铺瓦完成后，应在屋脊处铺盖脊瓦，俗称做脊。先在屋脊两端各稳上一块脊瓦，然后拉好通线，用M0.4石灰砂浆将屋脊处铺满，先后依次扣好脊瓦。要求脊瓦内砂浆饱满密实，以防被风掀掉，脊瓦盖住平瓦的边必须大于40mm，脊瓦之间的搭接缝隙和脊瓦与平瓦之间的搭接缝隙，应用掺有麻刀的混合砂浆填实。

砂浆中可掺入与瓦颜色相近的颜料。屋脊和斜脊应平直，无起伏现象。

### 5. 质量要求

1）铺瓦时应尽量不在已铺好的瓦上行走，避免将瓦踩坏。如必须在瓦上行走时，应踩瓦的两头，不踩中间。铺瓦过程中发现破损瓦要及时更换，整个屋面铺瓦完毕后应清扫干净。

2）允许偏差：

①脊瓦和坡瓦的搭接长度≥40mm。

②天沟、斜沟、檐沟铁皮伸入瓦片下长度

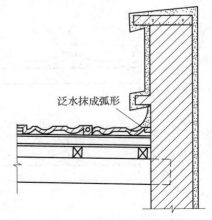

泛水抹成弧形

**图9-3　高封山泛水做法**

≥150mm。

③瓦头挑出檐口长度为 50~70mm。

④突出屋面的墙或烟囱的侧面瓦伸入泛水的长度≥50mm。

**6. 安全注意事项**

1）铺盖屋面瓦片时，檐口处必须搭设防护设施。顶层脚手面应在檐口下 1.2~1.5m 处，并满铺脚手板，外排立杆应绑设护身杆，并高出檐口 100cm，设三道护栏外挂安全网，第一道应高出脚手面 50cm 左右，以此往上再设两道。上人屋面应搭设专用爬梯，不得攀爬檐口和山墙上下，每天上班应先检查脚手架的稳固情况。

2）雨天和冬期应打扫雨水和霜雪，并增设防滑设施。

3）屋面材料必须均匀堆放，支垫平整。两侧坡屋面要对称堆放，特别是屋架承重时，若不对称堆放可能引起因屋架受力不匀而倒塌。

4）屋面施工系高处作业，散碎瓦片及其他物品不得任意抛掷，以免伤人。

5）上岗前应对操作者进行健康检查，有高血压、心脏病、癫痫病者不得从事高处作业。在坡屋面上行走时，应面向屋脊或斜向屋脊，以防滑倒。

## 9.1.2 小青瓦屋面

**1. 小青瓦的屋面形式**

小青瓦又叫蝴蝶瓦、合瓦，是阴阳瓦的一种。它的铺法分为阴阳瓦屋面和仰瓦屋面两种。阴阳瓦屋面是将仰瓦与俯瓦间隔成行，俯瓦盖于仰瓦垄上［见图 9-4（a）］；仰瓦屋面是全部用仰瓦铺成行列，垄上抹灰埂［见图 9-4（b）］或不抹灰埂［见图 9-4（c）］。

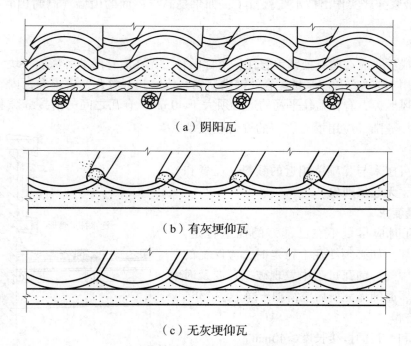

（a）阴阳瓦

（b）有灰埂仰瓦

（c）无灰埂仰瓦

**图 9-4 小青瓦屋面形式**

小青瓦的规格，见表9－1。

**表9－1　小青瓦规格（mm）**

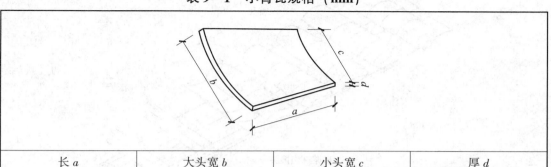

| 长 $a$ | 大头宽 $b$ | 小头宽 $c$ | 厚 $d$ |
|---|---|---|---|
| 170～230 | 170～230 | 150～210 | 8～12 |

**2．瓦的运送与堆放**

小青瓦堆放场地应靠近施工的建筑物，瓦片立放成条形或圆形堆，高度以5～6层为宜。不同规格的青瓦应分别堆放。瓦应尽量利用机具升运到脚手架上，然后利用脚手架靠人力传递分散到屋面各处堆放。

小青瓦应均匀有次序地摆在椽子上，阴瓦和阳瓦分别堆放，屋脊边应多摆一些。

**3．铺筑要点**

1）铺挂小青瓦前，要先在屋架上钉檩条，在檩条上钉椽子，在椽子上铺苫席或苇箔、荆笆、望板等，然后铺苫泥背，小青瓦便铺设在苫泥背上。一般在铺前先做脊。

2）小青瓦的屋脊有人字脊（采用平瓦的脊瓦）、直脊（瓦片平铺于屋脊上或竖直排列于屋脊，两端各叠一垛，作为瓦片排列时的靠山）与斜脊（瓦片斜立于屋脊上，左右与中间成对称）等几种。

做脊前，先按瓦的大小，确定瓦楞的净距（一般为50～100mm），事先在屋脊安排好。两坡仰瓦下面用碎瓦、砂浆垫平，将屋脊分档瓦楞窝稳，再铺上砂浆，平铺俯瓦3～5张，然后在瓦的上口再铺上砂浆，将瓦均匀地竖排（或斜立）于砂浆上，瓦片下部要嵌入砂浆中窝牢不动。铺完一段，用靠尺拍直，再用麻刀灰将瓦缝嵌密，露出砂浆抹光，然后可以铺列屋面小青瓦。

3）铺瓦时，檐口按屋脊瓦楞分档用同样方法铺盖3～5张底盖瓦作为标准。

①檐口第一张底瓦，应挑出檐口50mm，以利排水。

②檐口第一张盖瓦，应抬高20～30mm（2～3张瓦高），其空隙用碎石、砂浆嵌塞密实，使整条瓦楞通顺平直，保持同一坡度，并用纸筋灰镶满抹平（俗称扎口），见图9－5。

③不论底瓦或盖瓦，每张瓦搭接不少于瓦长的三分之二（俗称"一搭三"），要对称。

④铺完一段，用2m长靠尺板拍直，随铺随拍，使整楞瓦从屋脊至檐口保持前后整齐正直。

⑤檐口瓦楞分档标准做好后，自下而上，从左到右，一楞一楞地铺设，也可以左右同时进行。为使屋架受力均匀，两坡屋面应同时进行。

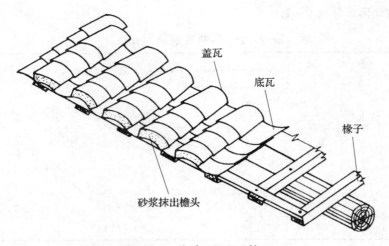

**图 9 – 5　小青瓦屋面扎口**

⑥悬山屋面、山墙应多铺一楞盖瓦，挑出半张作为披水。硬山屋面用仰瓦随屋面坡度侧贴于墙上作泛水。冷摊瓦屋面，将底瓦直接铺在椽子上。

⑦我国南方沿海一带，因台风关系，对小青瓦屋面的屋脊及悬山屋面的披水，用麻刀灰浆铺砌一皮顺砖，或再用纸筋灰刮糙粉光（俗称佩带）。仰俯瓦（即底盖瓦）搭接处用麻刀灰嵌实粉光（俗称杠槽）。盖瓦每隔1m左右用麻刀灰铺砌一块顺砖并与盖瓦缝嵌密实，相邻两行前后错开（俗称压砖）。扎口与前述相同。

⑧小青瓦屋面的斜沟与平瓦屋面的斜沟做法基本相同。在斜沟处斜铺宽度不小于500mm 的白铁或油毡，并铺成两边高中间低的洼沟槽；然后在白铁或油毡两边，铺盖小瓦（底瓦和盖瓦），搭盖 100 ~ 150mm，瓦的下面用混合砂浆填实压光，以防漏水。

⑨屋面铺盖完后，应对屋面全面进行清扫，做到瓦楞整齐，瓦片无翘角破损和张口现象。

## 9.1.3　筒瓦屋面

### 1. 筒瓦屋面形式

筒瓦是阴阳瓦中的一种，其形状呈半圆筒形，有青、红色筒瓦及涂有彩釉的琉璃瓦。

按其铺排的朝向，仰铺相叠连接成沟槽者叫作底瓦。底瓦呈板状形（又称板瓦），但板面微凹扁而宽［见图9 – 6（a）］；俯盖于两底瓦之上者叫盖瓦［见图9 – 6（b）］。

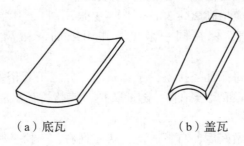

（a）底瓦　　　　　　　　（b）盖瓦

**图 9 – 6　筒瓦**

筒瓦不论底瓦还是盖瓦都有大小头，在铺叠时弧面应能密贴吻合。底瓦于檐口处应改用滴水瓦，雨水流经滴水瓦端头下垂的尖圆形瓦片排走。盖瓦于檐口处则用花边瓦或钩头瓦（又称钩头筒）。盖瓦因高出底瓦，其下面所形成的空隙，就是靠花边瓦或钩头瓦端部下垂的扇形或圆形瓦片封住，起保护作用（俗称瓦当）。

**2. 铺筑要点**

1）在铺瓦前应对瓦片进行挑选，凡有裂缝、砂眼、缺角、掉边和翘曲的都不能用。但有些能利用在斜脊处，应集中堆放，待做脊时弹线后再进行加工使用。

底瓦与底瓦相叠搭接均为 30mm，盖瓦覆于底瓦之上，其搭接一般为 25~30mm，底瓦之间净距及沟宽视瓦的规格而定，一般前者为 60mm，后者为 80~160mm。

在铺前最好先在地上试铺 1~2 楞，长 1m 左右，认为合适后即可画出样棒，然后按照样棒在屋面上进行瓦楞分档。若最后不足一楞、半楞又有多余时，要根据山墙的形式进行调整（硬山边楞为盖瓦，女儿墙边楞为底瓦，底、盖瓦都要有一半嵌入墙中）。

2）铺瓦前应先将瓦片浇水润湿，以便砂浆与瓦片有较好的黏结力。

铺时应从下而上，从右到左或从左到右均可，但必须按分楞弹的线进行，底瓦大头朝下，檐口第一张底瓦要离开封檐 50mm，以利排水。若檐口不用滴水瓦时，第一张底瓦下面要用石灰混合砂浆坐灰，并以碎砖、碎瓦垫塞密实。

铺一段距离后，用靠尺板检查瓦片是否平直、整齐、通顺。待第二列底瓦铺出一段长度后就可铺挂盖瓦。此时，在盖瓦下要铺满同样砂浆，但不要超出搭接范围，使盖瓦能坐灰覆上，用手推移找准，使之能对称搭在两列瓦上，合适后方可将盖瓦压实。其余部分均按此法继续铺挂。对瓦缝应随铺随勾。

3）做脊前，应计划好张数，尽量避免有破活。如铺到屋脊必须砍瓦时，应用钢锯条锯断。在统一加工好后，再开始做脊。做脊时，先将脊瓦分布在屋脊的第二楞瓦上，窝好一端脊瓦，另一端干叠两张脊瓦，拉好准线，然后在两坡屋脊第一楞瓦口上铺水泥石灰砂浆，宽 50~80mm，把脊瓦放上，对准准线用手撅压窝牢。铺好后用水泥麻刀灰嵌缝（脊瓦之间缝及脊瓦与筒瓦的搭接缝）。

在斜缝（中天沟）交接处应先试铺，弹线，编好号，再按编号进行铺设。

## 9.2 给水排水工程

### 9.2.1 窨井

**1. 窨井的构造**

窨井由井底座、井壁、井圈和井盖构成。形状有方形与圆形两种。一般多用圆窨井（见图 9-7），在管径大、支管多时则用方窨井。

**2. 窨井砌筑要点**

（1）材料准备。

1）普通砖、水泥、砂子、石子准备充足。

2）其他材料，如井内的爬梯铁脚，井座（铸铁、混凝土）、井盖等均应准备好。

**图 9 – 7　窖井**

（2）技术准备。

1）井坑的中心线已定好，直径尺寸和井底标高已复测合格。

2）井的底板已浇灌好混凝土，管道已接到井位处。

3）除一般常用的砌筑工具外，还要准备 2m 钢卷尺和铁水平尺等。

（3）井壁砌筑。

1）砂浆应采用水泥砂浆，强度等级按图纸确定，稠度控制在 80~100mm，冬期施工时砂浆使用时间不超过 2h，每个台班应留设一组砂浆试块。

2）井壁一般为一砖厚（或由设计确定），方井砌筑采用一顺一丁组砌法；圆井采用全丁组砌法。井壁应同时砌筑，不得留槎；灰缝必须饱满，不得有空头缝。

3）井壁一般都要收分。砌筑时应先计算上口与底板直径之差，求出收分尺寸，确定在何层收分，然后逐皮砌筑收分到顶，并留出井座及井盖的高度。收分时一定要水平，要用水平尺经常校正，同时用卷尺检查各方向的尺寸，以免砌成椭圆井和斜井。

4）管子应先排放到井的内壁里面，不得先留洞后塞管子。要特别注意管子的下半部，一定要砌筑密实，防止渗漏。

5）从井壁底往上每 5 皮砖应放置一个铁爬梯脚蹬，梯蹬一定要安装牢固，并事先涂好防锈漆，如图 9 – 8 所示。

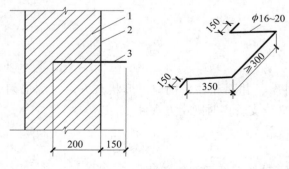

**图 9 – 8　铁爬梯蹬**

1—砖砌体；2—井内壁；3—脚蹬

（4）井壁抹灰。在砌筑质量检查合格后，即可进行井壁内外抹灰，以达到防渗要求。

1）砂浆采用1:2水泥砂浆（或按设计要求的配合比配制），必要时可掺入水泥质量3%~5%的防水粉。

2）壁内抹灰采用底、中、面三层抹灰法。底层灰厚度为5~10mm，中层灰为5mm，面层灰为5mm，总厚度为15~20mm，每层灰都应压光，一般采用五层操作法。

（5）井座与井盖。井座与井盖安装可用铸铁或钢筋混凝土制成。在井座安装前，测好标高水平，再在井口先做一层100~150mm厚的混凝土封口，封口凝固后再在其上铺水泥砂浆，将铸铁井座安装好。经检查合格，在井座四周抹1:2水泥砂浆泛水，盖好井盖。

（6）闭水试验。在水泥砂浆达到一定强度后，经闭水试验合格，即可回填土。

（7）砌体砌筑质量要求：

1）砌体上下错缝，无裂缝。

2）窨井表面抹灰无裂缝、空鼓。

## 9.2.2 渗井

渗井系在污水处理不能接通排水道时，自行采取排除废水的设施，如图9-9所示。渗井应选择离房屋较远、地势低洼及土层易于渗水的地方。

渗井的大小，根据排水量的多少决定渗井的直径与深度。一般井坑挖1m多深，就在坑底根据中心线安放木制或混凝土制的井盘，然后在盘上砌井，用随砌随沉的办法砌筑。其砌筑过程如下：

1）先在井坑上立好十字中心杆，用线坠将中心引到坑底，检查井盘位置无误（盘中心与坑中心重合）后，即可砌筑。

2）按定好的井盘，用顶砌法排砖干砌。上下

**图9-9 渗井**

皮砖缝要错开搭接，井外周宽的砖缝要用碎砖填塞严密。砌完几皮用轮圆杆、十字杆及铁水平尺绕中心检查井的直径及水平。干砌遇到砖摆不平时可用干砂适当垫平，使井身保持平整垂直。

3）每砌高1m左右落盘一次。落盘时将井底及井盘底下的土挖出外运，井身靠自重自然下沉。在井盘下挖土要注意四周均匀，使井身能保持对称下沉。落一次盘，要对中心和水平进行一次检查，如此数次落到设计标高为止。落盘完毕，在井底铺上卵石。

4）根据收分坡度定出每皮砖或几皮砖收分多少，随砌随收分。砖干砌到离下水管入口下五皮砖时，开始要用砂浆砌筑，一直砌到井上口地坪为止。砌完后四周回填土夯实。砌筑渗井示意图见图9-10和图9-11。

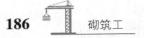

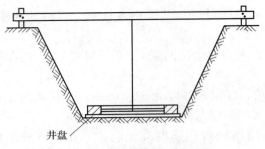

图 9-10 井坑立十字中心杆

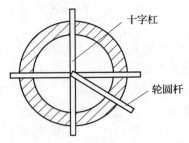

图 9-11 轮圆杆与十字杆

## 9.2.3 化粪池

### 1. 化粪池的构造

化粪池由钢筋混凝土底板、隔板、顶板和砖砌墙壁组成。化粪池的埋置深度一般均大于 3m，且要在冻土层以下。它一般是由设计部门编制成标准图集，根据其容量大小编号，建造时设计人员按需要的大小对号选用。图 9-12 为化粪池的构造示意图。

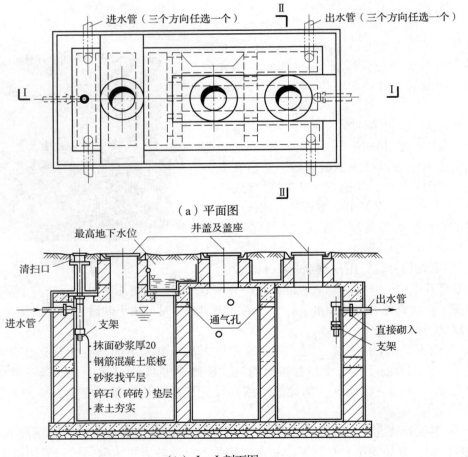

（a）平面图

（b）Ⅰ—Ⅰ剖面图

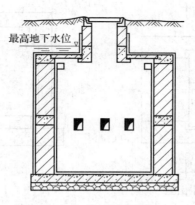

最高地下水位

（c）Ⅱ-Ⅱ剖面图

**图 9 – 12　化粪池**

**2.　化粪池砌筑要点**

（1）准备工作。

1）普通砖、水泥、中砂、碎石或卵石，准备充足。

2）其他如钢筋、预制隔板、检查井盖等，要求均已备好料。

3）基坑定位桩和定位轴线已经测定，水准标高已确定并做好标志。

4）基坑底板混凝土已浇好，并进行了化粪池池壁位置的弹线。基坑底板上无积水。

5）已立好皮数杆。

（2）池壁砌筑。

1）砖应提前 1d 浇水湿润。

2）砌筑砂浆应用水泥砂浆，按设计要求的强度等级和配合比拌制。

3）一砖厚的墙可以用梅花丁或一顺一丁砌法，一砖半或二砖墙采用一顺一丁砌法。内外墙应同时砌筑，不得留槎。

4）砌筑时应先在四角盘角，随砌随检查垂直度，中间墙体拉准线控制平整度；内隔墙应与外墙同时砌筑。

5）砌筑时要注意皮数杆上预留洞的位置，确保孔洞位置的正确和化粪池使用功能。

（3）隔板安装。凡设计中要安装预制隔板的，砌筑时应在墙上留出安施隔板的槽口，隔板插入槽内后，应用 1:3 水泥砂浆将隔板槽缝填嵌牢固，如图 9 – 13 所示。

（4）池壁抹灰。化粪池墙体砌完后，即可进行墙身内外抹灰。内墙采用三层抹灰，外墙采用五层抹灰，具体做法同窨井。采用现浇盖板时，在拆模之后应进入池内检查并做好修补。

（5）浇盖顶板。抹灰完毕可在池内支撑现浇顶板模板，绑扎钢筋，经隐蔽验收后即可浇筑混凝土。顶板为预制盖板时，应用机具将盖板（板上留有检查井孔洞）根据方位在墙上垫上砂浆吊装就位。

（6）井孔砌筑。化粪池顶板上一般有检查井孔和出渣井孔，井孔要由井身砌到地面。井身的砌筑和抹灰操作同窨井。

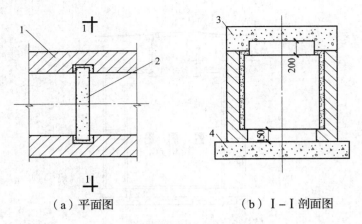

（a）平面图　　　　　　　（b）Ⅰ-Ⅰ剖面图

**图 9 - 13　化粪池隔板安装**

1—砖砌体；2—混凝土隔板；3—混凝土顶板；4—混凝土底板

（7）渗漏试验。化粪池本身除了污水进出的管口外，其他部位均须封闭墙体，在回填土之前，应进行抗渗试验。试验方法是将化粪池进出管口临时堵住，在池内注满水，观察有无渗漏水，经检验合格符合标准后，即可回填土。回填土时顶板及砂浆强度均应达到设计强度，以防墙体被挤压变形及顶板压裂，填土时要求每层夯实，每层可虚铺厚度为300~400mm。

（8）化粪池砌筑质量要求：

1）砖砌体上下错缝，无垂直通缝。

2）预留孔洞的位置符合设计要求。

3）化粪池砌筑的允许偏差同砌筑墙体要求。

### 9.2.4　排水道铺设及闭水试验方法

**1. 排水道干管铺设**

（1）施工准备。

1）材料准备：

①水泥、砂子、碎石或卵石配备充足，材质满足要求。

②管材准备：各种管径的管材（水泥管、陶瓦管等）按规格分别堆放，并按设计要求，检查管子的强度、外观质量。管材的强度以出厂合格证为准，凡有裂缝、弯曲、圆度变形而无法承插的或承插口破损的都不能使用。

2）工具准备：除小型自带工具外，还须准备绳子、杠子、撬棒、脚手板等。

3）作业条件准备：管沟或坑槽土已挖好，垫层已完成。

（2）铺管。

1）下管：先将需要铺设的管子运到基槽边，但不允许滚动到基槽边，下管时应注意管子承插口的方向。

2）就位顺序：管子的就位应从低处向高处，承插口应处于高处一端，如图 9 - 14 所示。

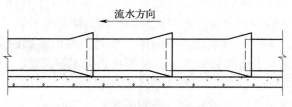

**图 9 - 14　管子就位顺序**

3）就位：当管子到位后，应根据垫层上面弹出的管线位置对中放线，两侧可用碎砖先垫牢卡住。第一节管子应伸入窨井位置内，其伸入长度根据井壁厚度确定，一般管口离井内壁约 50mm，承插第二节管子时，应先在第一节管子的承插口下半圈内抹上一层砂浆，再插第二节管，使管口下部先有封口砂浆，以便于下一步封口操作。每节管都依此方法进行，直至该段管子铺设完成。

从第二个窨井起，每个窨井先摆上出水管，但此管暂时不窝砂浆，先做临时固定，待井壁砌到进水管底标高时，再铺进水管。

穿越窨井壁的进、出水管周围要用 1:3 水泥砂浆窝牢，嵌塞严密，并将井内、外壁与管子周围用同样砂浆抹密实。

当井壁砌完进、出水管面后，井内管子两旁要用砖块砌成半圆筒形，并用 1:2.5 水泥砂浆抹成泛水，抹好后的形状如对剖开管（俗称流槽），使水流集中，增加冲力。如果管子在窨井处直交或斜交，抹好后如剖开弯头，但弯头的外侧应向于井内，以缓冲水的离心力，有利排水。

（3）封口、窝管。

1）封口。用 1:2 水泥砂浆将承插口内一圈全部填嵌密实，再在承插口处抹成环箍状。常温时应用湿草袋洒水养护，冬季应做好保温养护。

2）窝管。为了保证管道的稳固，在完成封口后，在管子两侧用混凝土填实做成斜角（叫作窝管）。窝管的形状，如图 9 - 15 所示。

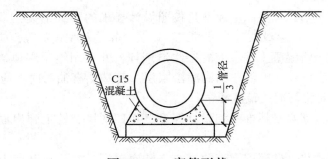

**图 9 - 15　窝管形状**

填混凝土时，注意不要损伤接口处，并应避免敲击管子。窝管完毕与封口一样养护。

**2. 排水道闭水试验方法**

排水道因接头多，通常分段进行试验，试验方法有如下几种：

（1）分段满灌法。将试验段相邻的上下窨井管口封闭（用砖和黏土砂浆密封和用木板衬垫橡皮圈顶紧密封），然后在两窨井之间灌水，水要高出管面（特别是进水管面），接着进行逐根检查，如有渗水现象，说明接头不严实，应即修补。

（2）送烟检查法。将试验段管子一端封闭，在另一端把点燃的杂草或稻草塞入管中，用打气筒送风，若发现某节管有冒烟现象，说明接头处不够严密，会渗水，应修补到不冒烟为止。

以上是排水道工程常用的试验方法，其他还有充气吹泡法、定压观察法等。可根据施工具体情况进行选用。管道经闭水试验修补完成后，应立即进行回填土。

在回填土时应注意，不能填入带有碎砖、石块的黏土，以免砸坏管子。回填时应在管子两侧同时进行，并用木槌捣实，但用力要均匀，以防管子移动，回填土应比原地面高出50～100mm，利于回填土下沉固结，不致形成管槽积水。

**3．质量要求**

1）闭水试验合格。

2）管道的坡度符合设计要求和施工规范规定。

3）接口填嵌密实，灰口平整、光滑，养护良好。

4）接口环箍抹灰平整密实，无断裂。

# 9.3 地面砖与料石面层铺设

## 9.3.1 地面砖面层铺设

**1．砖面层构造**

砖面层应按照设计要求采用普通黏土砖、缸砖、陶瓷地砖、水泥花砖或陶瓷锦砖（又称陶瓷马赛克）等板块材在砂、水泥砂浆、沥青胶结料或胶粘剂结合层上铺设而成。

砂结合层厚度为20～30mm，水泥砂浆结合层厚度为10～15mm，沥青胶结料结合层厚度为2～5mm，胶粘剂结合层厚度为2～3mm。构造做法如图9－16所示。

**2．技术要求**

（1）砖面层铺设形式。砖面层通常是按照设计要求的形式铺设，常见的砖面层铺砌形式包括"直缝式"、"人字纹式"、"席纹式"以及"错缝花纹式"等，如图9－17所示。

（2）基层处理。将混凝土基层上的杂物清理掉，并且用錾子剔掉楼地面超高、墙面超平部分以及砂浆落地灰，用钢丝刷刷净浮浆层。若基层有油污时，应用10%火碱水刷净，并且用清水及时将其上的碱液冲净。

（3）找标高。根据水平标准线和设计厚度，在四周墙、柱上弹出面层的上平标高控制线。

（4）铺结合层砂浆。砖面层铺设前，应将基底湿润，并且在基底上刷一道素水泥浆或界面结合剂，随刷随铺设搅拌均匀的干硬性水泥砂浆。

（5）铺砖控制线。

1）当找平层砂浆抗压强度达到1.2MPa，开始上人弹砖的控制线。预先根据设计要求和砖板块规格尺寸，确定板块铺砌的缝隙宽度，若设计无规定，紧密铺贴缝隙宽度不宜大于1mm，虚缝铺贴缝隙宽度宜为5～10mm。

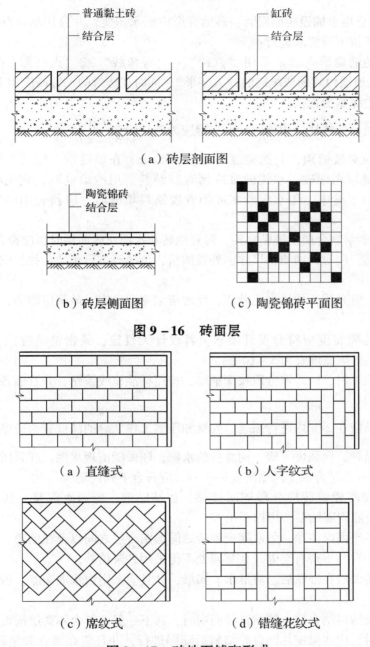

（a）砖层剖面图

（b）砖层侧面图　　（c）陶瓷锦砖平面图

**图 9 – 16　砖面层**

（a）直缝式　　　　　　　　（b）人字纹式

（c）席纹式　　　　　　　　（d）错缝花纹式

**图 9 – 17　砖地面铺砌形式**

2）在房间分中，从纵、横两个方向排尺寸，当尺寸不足整砖倍数时，将非整砖用于边角处，横向平行于门口的第一排应为整砖，将非整砖排在靠墙位置，纵向（垂直门口）应在房间内分中，非整砖对称排放在两墙边处，尺寸不小于整砖边长的 $\frac{1}{2}$。根据已确定的砖数和缝宽，在地面上弹纵、横控制线（每隔 4 块砖弹一根控制线）。

（6）铺砖。

1）在砂结合层上铺设砖面层时，砂结合层应洒水压实，并且用刮尺刮平。而后拉线逐块铺砌。施工按下列要求进行：

①黏土砖的铺砌形式通常采用"直行"、"对角线"或"人字形"等铺法，如图9－17所示。在通道内宜铺成纵向的"人字形"，同时在边缘的一行砖应加工成45°角，并且与墙或地板边缘紧密连接。

②铺砌砖时，应挂线，相邻两行的错缝应为砖长的 $\frac{1}{3} \sim \frac{1}{2}$。

③黏土砖应对接铺砌，缝隙宽度不宜大于5mm。在填缝前，应适当洒水并且予以拍实整平。填缝可用细砂、水泥砂浆或沥青胶结料。用砂填缝时，宜先将砂撒于砖面上，再用扫帚扫于缝中。用水泥砂浆或沥青胶结料填缝时，应预先用砂填缝至一半高度。

2）在水泥砂浆结合层上铺贴缸砖、陶瓷地砖和水泥花砖面层时，应符合下列规定：

①在铺贴前，应对砖的规格尺寸、外观质量、色泽等进行预选，并且应浸水湿润后晾干待用。

②铺贴时，宜采用干硬性水泥砂浆，面砖应紧密、坚实，砂浆应饱满，并且严格控制标高。

③面砖的缝隙宽度应符合设计要求。若设计无规定，紧密铺贴缝隙宽度不宜大于1mm；虚缝铺贴缝隙宽度宜为5～10mm。

④大面积施工时，应采取分段按序铺贴，按照标准拉线镶贴，并且做各道工序的检查和复验工作。

⑤面层铺贴应在24h内进行擦缝、勾缝和压缝工作。缝的深度宜为砖厚的 $\frac{1}{3}$；擦缝和勾缝应采用同品种、同强度等级、同颜色的水泥，随做随清理水泥，并且做养护和保护。

3）在水泥砂浆结合层上铺贴陶瓷锦砖时，应符合下列规定：

①结合层和陶瓷锦砖应分段同时铺贴，在铺贴前，应刷水泥浆，其厚度宜为2～2.5mm，并且应随刷随铺贴，用抹子拍实。

②陶瓷锦砖底面应洁净，每联陶瓷锦砖之间与结合层之间以及在墙角、镶边和靠墙处均应紧密贴合，并且不得有空隙。在靠墙处不得采用砂浆填补。

③陶瓷锦砖面层在铺贴后，应淋水、揭纸，并且应采用白水泥擦缝，做面层的清理和保护工作。

④在沥青胶结料结合层上铺贴缸砖面层时，其下一层应符合隔离层铺设的要求。缸砖要干净，铺贴时，应在摊铺热沥青胶结料后随即进行，并且应在沥青胶结料凝结前完成。缸砖间缝隙宽度为3～5mm，采用挤压方法使沥青胶结料挤入，再用胶结料填满。填缝前，缝隙内应予清扫并且使其干燥。

⑤地砖的铺设如图9－18所示。

（7）勾缝。面层铺贴应在24h内进行擦缝以及勾缝工作，并且应采用同品种、同强度等级、同颜色的水泥。宽缝通常在8mm以上，采用勾缝。若纵横缝为干挤缝，或小于3mm，应用擦缝。

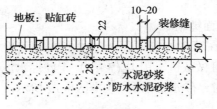

（a）地板剖面1

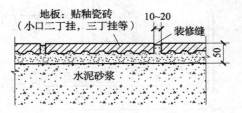

（b）地板剖面2

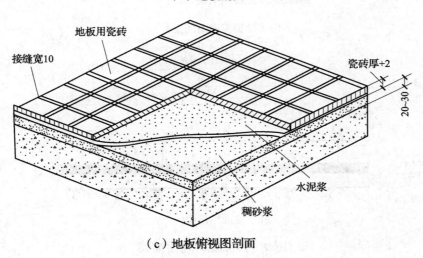

（c）地板俯视图剖面

**图 9－18　地砖的铺设**

1）勾缝：用1:1水泥细砂浆勾缝，勾缝用砂应用窗纱过筛，要求缝内砂浆密实、平整、光滑，勾好后要求缝成圆弧形，凹进面砖外表面 2～3mm。随勾随将剩余水泥砂浆清走、擦净。

2）擦缝：若设计要求不留缝隙或缝隙很小时，则要求接缝平直，在铺实修整好的砖面层上用浆壶往缝内浇水泥浆，然后用干水泥撒在缝上，再用棉纱团擦揉，将缝隙擦满。最后将面层上的水泥浆擦干净。

（8）踢脚板。踢脚板用砖，通常采用与地面块材同品种、同规格、同颜色的材料，踢脚板的立缝应与地面缝对齐，铺设时，应在房间墙面两端头阴角处各镶贴一块砖，出墙厚度和高度应符合设计要求，以此砖上楞为标准挂线，开始铺贴，砖背面朝上抹黏结砂浆（配合比为1:2水泥砂浆），使砂浆粘满整块砖为宜，及时粘贴在墙上，砖上楞要跟线并且立即拍实，随之将挤出的砂浆刮掉。将面层清擦干净（在粘贴前，砖块材要浸水晾干，墙面刷水湿润）。

**3. 瓷砖与陶瓷锦砖地面铺砌**

（1）瓷砖地面铺砌。在清理好的地面上，找好规矩和泛水，扫好水泥浆，再按照地面标高留出瓷砖厚度，并且做灰饼，用1:（3~4）干硬性水泥砂浆（砂为粗砂）冲筋、装档，刮平厚约2cm，刮平时，砂浆要拍实，如图9-19所示。

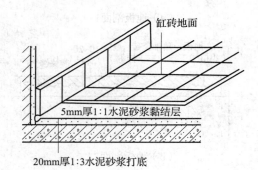

（a）地面俯视图剖面

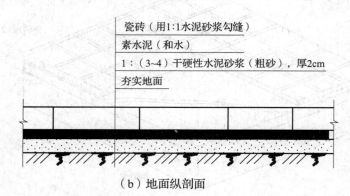

（b）地面纵剖面

**图9-19 瓷砖地面铺砌**

铺瓷砖时，在刮好的底子灰上撒一层薄薄的素水泥，稍撒点水，然后用水泥浆涂抹瓷砖背面，约2mm厚，由前往后退着贴，贴每块砖时，用小铲的木把轻轻锤击，铺好后用小锤拍板拍击一遍，再用开刀和抹子将缝拨直，再拍击一遍，将表面灰扫掉，用棉丝擦净。

留缝的做法：刮好底子，撒上水泥后按分格的尺寸弹上线。铺好一皮，横缝将分格条放好，竖缝按线走齐，并随时清理干净，分格条随铺随起。

铺完后第二天用1:1水泥砂浆勾缝。

在地面铺完后24h，严禁被水浸泡。露天作业应有防雨措施。

（2）陶瓷锦砖地面铺砌 在清理好的地面上，找好规矩和泛水，扫好水泥浆，再按照地面标高留出陶瓷锦砖厚度做灰饼，用1:（3~4）干硬性水泥浆（砂为粗砂）冲筋、刮平厚约2cm。刮平时，砂浆要拍实，如图9-20所示。

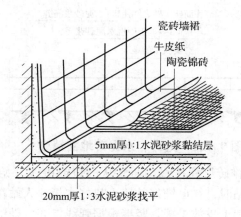

（a）地面俯视图剖面

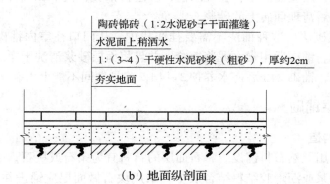

（b）地面纵剖面

**图 9 – 20　陶瓷锦砖地面铺砌**

刮平后撒上一层水泥面，再稍洒水（不可太多）将陶瓷锦砖铺上。两间相通的房屋应从门口中间拉线，先铺好一张，然后往两面铺；单间的从墙角开始（若房间稍有不方正时，在缝里分匀）。有图案的按照图案铺贴。铺好后用小锤拍板将地面普遍敲一遍，再用扫帚淋水，约 0.5h 后将护口纸揭掉。

揭纸后依次用 1:2 水泥砂子干面灌缝拨缝，灌好后用小锤拍板敲一遍用抹子或开刀将缝拨直；最后用 1:1 水泥砂子（砂子均要过窗纱筛）干面扫入缝中扫严，将余灰砂扫净，用锯末将面层扫干净成活。

陶瓷锦砖宜整间一次镶铺。若一次不能铺完，须将接槎切齐，余灰清理干净。

交活后第二天铺上干锯末养护，3~4d 后方能上人，但是严禁敲击。

**4. 缸砖、水泥砖地面铺砌**

在清理好的地面上，找好规矩和泛水，扫一道水泥浆，再按照地面标高留出缸砖或水泥砖的厚度，并做灰饼。用 1:（3~4）干硬性水泥砂浆（砂为粗砂）冲筋、装档、刮平，厚约 2cm，刮平时砂浆要拍实，如图 9 – 21 所示。

在铺砌缸砖或水泥砖前，应把砖用水浸泡 2~3h，然后取出晾干后使用。铺贴面层砖前，在找平层上撒一层干水泥面，洒水后随即铺砌。面层铺砌有以下两种方法：

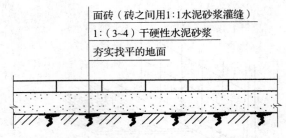

面砖（砖之间用1:1水泥砂浆灌缝）

1:（3~4）干硬性水泥砂浆

夯实找平的地面

**图 9 – 21　缸砖、水泥砖地面铺砌**

（1）留缝铺砌法。根据排砖尺寸挂线，通常从门口或中线开始向两边铺砌，若有镶边，应先铺贴镶边部分。铺贴时，在已铺好的砖上垫好木板，人站在板上往里铺，铺时先撒干水泥面，横缝用米厘条铺 1 皮放 1 根，竖缝根据弹线走齐，随铺随清理干净。

已铺好的面砖，用喷壶浇水，在浇水前，应进行拍实、找平和找直，次日后用 1:1 的水泥砂浆灌缝。最后清理面砖上的砂浆。

（2）碰缝、锚砌法。这种铺法不需要挂线找中，从门口往室内铺砌，出现非整块面砖时，需进行切割。铺砌后用素水泥浆擦缝，并且将面层砂浆清洗干净。

在常温条件下，铺砌 24h 后浇水养护 3 ~ 4d，养护期间不能上人。

### 9.3.2　料石面层铺砌

**1. 料石面层构造**

料石面层应采用天然石料铺设。料石面层的石料宜为条石或块石。采用条石做面层应铺设在砂、水泥砂浆或沥青胶结料结合层上，采用块石做面层应铺设在基土或砂垫层上。构造做法如图 9 – 22 所示。

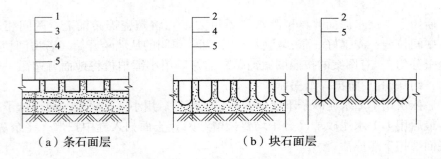

（a）条石面层　　　　　　（b）块石面层

**图 9 – 22　料石面层**

1—条石；2—块石；3—结合层；4—垫层；5—基土

条石面层下结合层厚度：砂结合层为 15 ~ 20mm；水泥砂浆结合层为 10 ~ 15mm；沥青胶结料结合层为 2 ~ 5mm，块石面层下砂垫层厚度，在夯实后不应小于 6mm；块石面层下基土层应均匀密实，填土或土层结构被扰动的基土，应予分层压（夯）实。

**2. 整形石块的铺砌**

1）石板的表面，多用经过正式研磨的石板。

2）施工时，底层要充分清扫、湿润，然后再铺水泥砂浆，并且将装修材料水平铺下去，接缝通常为 0～10mm 的凹缝。

3）铺贴白色的大理石时，为防止底层水泥砂浆的灰泥渗出，在石板的里侧，需先涂上柏油底料以及耐碱性涂料后方可铺贴，如图 9-23 所示。

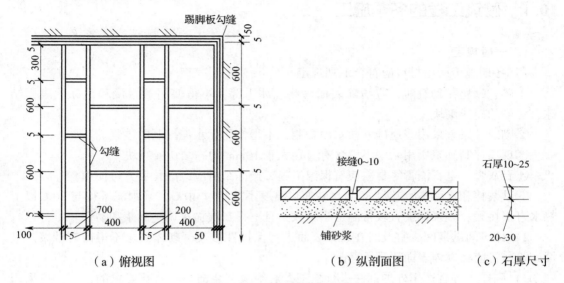

（a）俯视图　　　　　　　　（b）纵剖面图　　　（c）石厚尺寸

**图 9-23　整形石板的铺设**

4）若为石质踢脚板，则每一块踢脚板使用两支以上的蚂蟥钉固定后，再灌入水泥砂浆。

**3. 异形石板的铺砌**

1）异形石板的铺砌，如图 9-24 所示，有的将大小石片做某种程度的整理，接缝仍然较规则；有的将石片按大小和形状，巧妙地组合起来铺装。这两种方法都要以石片分配图为参考，接缝为宽度 7～12mm 的凹缝，施工方法仍与规则石板的情况相同。

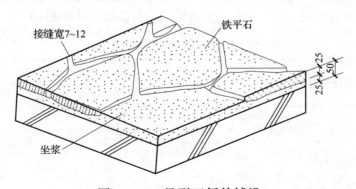

**图 9-24　异形石板的铺设**

2）异形石板的铺装，也有将石材表面加以水磨或正式研磨的情况，这时接缝为宽度 3mm 以内的凹缝。

# 10  砌体工程季节施工

## 10.1  砌筑工程的冬季施工

**1. 一般规定**

1）冬期施工所用材料应符合下列规定：

①砖、砌块在砌筑前，应清除表面污物、冰雪等，不得使用遭水浸和受冻后表面结冰、污染的砖或砌块。

②砌筑砂浆宜采用普通硅酸盐水泥配制，不得使用无水泥拌制的砂浆。

③现场拌制砂浆所用砂中不得含有直径大于 10mm 的冻结块或冰块。

④石灰膏、电石渣膏等材料应有保温措施，遭冻结时应经融化后方可使用。

⑤砂浆拌和水温不宜超过 80℃，砂加热温度不宜超过 40℃，且水泥不得与 80℃ 以上热水直接接触；砂浆稠度宜较常温适当增大，且不得二次加水调整砂浆和易性。

2）砌筑间歇期间，宜及时在砌体表面进行保护性覆盖，砌体面层不得留有砂浆。继续砌筑前，应将砌体表面清理干净。

3）砌体工程宜选用外加剂法进行施工，对绝缘、装饰等有特殊要求的工程，应采用其他方法。

4）施工日记中应记录大气温度、暖棚内温度、砌筑时砂浆温度、外加剂掺量等有关资料。

5）砂浆试块的留置，除应按常温规定要求外，尚应增设一组与砌体同条件养护的试块，用于检验转入常温 28d 的强度。如有特殊需要，可另外增加相应龄期的同条件试块。

**2. 外加剂法**

1）采用外加剂法配制砂浆时，可采用氯盐或亚硝酸盐等外加剂。氯盐应以氯化钠为主，当气温低于 −15℃ 时，可与氯化钙复合使用。氯盐掺量可按表 10−1 选用。

表 10−1  氯盐外加剂掺量

| 氯盐及砌体材料种类 | | 日最低气温（℃） | | | |
|---|---|---|---|---|---|
| | | ≥ −10 | −11 ~ −15 | −16 ~ −20 | −21 ~ −25 |
| 单掺氯化钠（%） | 砖、砌块 | 3 | 5 | 7 | — |
| | 石材 | 4 | 7 | 10 | — |
| 复掺（%） | 氯化钠 | — | — | 5 | 7 |
| | 氯化钙 | — | — | 2 | 3 |

注：氯盐以无水盐计，掺量为占拌和水质量百分比。

2）砌筑施工时，砂浆温度不应低于 5℃。

3）当设计无要求，且最低气温等于或低于 −15℃ 时，砌体砂浆强度等级应较常温施工提高一级。

4）氯盐砂浆中复掺引气型外加剂时，应在氯盐砂浆搅拌的后期掺入。

5）采用氯盐砂浆时，应对砌体中配置的钢筋及钢预埋件进行防腐处理。

6）砌体采用氯盐砂浆施工，每日砌筑高度不宜超过 1.2m，墙体留置的洞口，距交接墙处不应小于 500mm。

7）下列情况不得采用掺氯盐的砂浆砌筑砌体：

①对装饰工程有特殊要求的建筑物。

②使用环境湿度大于 80% 的建筑物。

③配筋、钢埋件无可靠防腐处理措施的砌体。

④接近高压电线的建筑物（如变电所、发电站等）。

⑤经常处于地下水位变化范围内，以及在地下未设防水层的结构。

**3．暖棚法**

1）暖棚法适用于地下工程、基础工程以及工期紧迫的砌体结构。

2）暖棚法施工时，暖棚内的最低温度不应低于 5℃。

3）砌体在暖棚内的养护时间应根据暖棚内的温度确定，并应符合表 10-2 的规定。

**表 10-2　暖棚法施工时的砌体养护时间**

| 暖棚内温度（℃） | 5 | 10 | 15 | 20 |
|---|---|---|---|---|
| 养护时间（d） | ≥6 | ≥5 | ≥4 | ≥3 |

# 10.2　砌筑工程的雨季施工

1）砌块的品种、强度必须符合设计要求，并应规格一致；用于清水墙、柱表面的砌块，应边角整齐、色泽均匀；砌块应有出厂合格证明及检验报告；中小型砌块尚应说明制造日期和强度等级。

2）水泥的品种与强度等级应根据砌体的部位及所处环境选择，一般宜采用 32.5 级普通硅酸盐水泥、矿渣硅酸盐水泥；有出厂合格证明及检验报告方可使用；不同品种的水泥不得混合使用。

3）砂宜采用中砂，不得含有草根等杂物；配制水泥砂浆或水泥混合砂浆的强度等级 ≥M5 时，砂的含泥量应 ≤5%，强度 <M5 时，砂的含泥量 ≤10%。

4）应采用不含有害物质的洁净水。

5）应采用以下的掺和料。

①石灰膏。熟化时间不少于 7d，严禁使用脱水硬化的石灰膏。

②黏土膏。以使用不含杂质的黄黏土为宜；使用前加水淋浆，并过 6mm 孔径的筛子，沉淀后方可使用。

③其他掺和料。电石膏、粉煤灰等掺量应由试验部门试验决定。

6）对木门、木窗、石膏板、轻钢龙骨等以及怕雨淋的材料如水泥等，应采取有效措施，放入棚内或屋内，要垫高码放并应通风，以防受潮。

7）防止混凝土、砂浆受雨淋含水过多而影响砌体质量。

①雨期施工的工作面不宜过大，应逐段、逐区域地分期施工。

②雨期施工前，应对施工场地原有排水系统进行检修疏通或加固，必要时应增加排水措施，保证水流畅通。另外，还应防止地面水流入场地内；在傍山、沿河地区施工，应采取必要的防洪措施。

③基础坑边要设挡水埂，防止地面水流入。基坑内设集水坑并配足水泵。坡道部分应备有临时接水措施（如草袋挡水）。

④基坑挖完后，应立即浇筑混凝土垫层，防止雨水泡槽。

## 10.3 砌筑工程的夏季施工

**1. 夏季施工对砌体的影响**

夏季天气炎热，干燥多风，进行砌筑时，砂浆铺在墙上或砌筑的灰缝，砖和砂浆中的水分集聚蒸发很快就会干燥、酥松，黏结力降低，造成脱水现象，使砂浆中的水泥因为缺水而水化反应不能正常进行，严重影响砂浆强度的正常增长，从而影响了砌体的有效黏结，降低了砌体的工程质量。

**2. 夏季施工防范措施**

1）砖在使用前要充分浇水湿润，使砖的周边的水渍痕达到 20mm 左右为宜。砂浆的稠度值要适当增大，铺灰面不要太大，宜用"三一"砌法进行砌筑，防止砂浆中水分过快蒸发，同时砂浆也应随用随搅拌。

2）在特别炎热、干燥的时候，每天完成砌筑高度的墙后，可以在砂浆已初步凝结的条件下，往墙上适当淋水养护，补充被蒸发的水，以保证砂浆中水泥水化作用的正常进行，砂浆强度正常增长。

3）在有台风地区应注意的事项：

①控制墙的砌筑高度，减少受风面积，以每天一步架（1.2m）为宜。

②在砌筑时，最好四周的墙体同时砌筑，以保证砌体的整体性和稳定性。

③为了保证墙体的稳定性，脚手架尽量不要依附在墙上。

④无横向支撑的独立山墙、空间墙、独立柱等，应在砌筑好后用适当的木杆、木板进行支撑，以防被风吹倒。

季节施工时，还要根据具体施工条件，制定相应措施，灵活掌握运用，做到符合客观规律，符合施工规范要求，以确保工程质量。

# 参 考 文 献

[1] 全国水泥制品标准化技术委员会. GB 11968—2006　蒸压加气混凝土砌块 [S]. 北京：中国标准出版社，2006.

[2] 全国墙体屋面及道路用建筑材料标准化技术委员会. GB/T 15229—2011　轻集料混凝土小型空心砌块 [S]. 北京：中国标准出版社，2012.

[3] 中华人民共和国住房和城乡建设部. GB/T 50001—2010　房屋建筑制图统一标准 [S]. 北京：中国计划出版社，2010.

[4] 陕西省住房和城乡建设厅. GB 50203—2011　砌体结构工程施工质量验收规范 [S]. 北京：中国建筑工业出版社，2011.

[5] 全国墙体屋面及道路用建筑材料标准化技术委员会. JC/T 525—2007　炉渣砖 [S]. 北京：中国建材工业出版社，2008.

[6] 全国轻质与装饰装修建筑材料标准化技术委员会. JC/T 698—2010　石膏砌块 [S]. 北京：中国建材工业出版社，2011.

[7] 全国水泥制品标准化技术委员会. JC/T 862—2008　粉煤灰混凝土小型空心砌块 [S]. 北京：中国建材工业出版社，2008.

[8] 中华人民共和国住房和城乡建设部. JGJ/T 98—2010　砌筑砂浆配合比设计规程 [S]. 北京：中国建筑工业出版社，2011.

[9] 中华人民共和国住房和城乡建设部. JGJ/T 314—2016 建筑工程施工职业技能标准 [S]. 北京：中国建筑工业出版社，2016.

[10] 陶庆军. 砌筑工 [M]. 北京：中国人口出版社，2010.

[11] 李鹏. 砌筑工长技能图解 [M]. 北京：化学工业出版社，2013.

[12] 周海涛. 砌筑工基本技能 [M]. 北京：中国劳动社会保障出版社，2012.

[13] 吕克顺. 图解砌筑工 30 天快速上岗 [M]. 武汉：华中科技大学出版社，2013.